KB078189

수학 천재가 된 카이우스

문제 해결력을 높여 주는 중학 수학 판타지

수학 천재가 된 카이우스

헤지나 곤살베스 지음 | 김정민 옮김

살림Friends

시간. 정복되어야 할 차원!

이 책의 주인공 카이우스는 자신의 뜻과는 상관없이

과거, 현재, 미래의 문명과 가상의 차원을 넘나드는

여행을 하며 임무를 수행합니다.

각 여행에서 카이우스는 역사에 이름을 남겼거나

앞으로 이름을 남기게 될 사람들을 만납니다.

역사적인 위기의 순간이나 인간과 신의 전쟁 현장에서

수수께끼의 형태로 여러 가지 도전과 마주쳐야만 하죠.

대부분의 또래 아이들처럼 공부를 좋아하지 않는

카이우스는 끊임없이 문제와 충돌합니다.

그럼에도 불구하고 그는 시간이 흐름에 따라
서서히 자기 주변의 세계를 탐험하며
자신이 가진 힘을 발견합니다.
심지어 자기도 모르는 사이에
자신에게 숨겨져 있던
가장 멋진 능력인 추리의 힘을
사용하는 법을 배우게 됩니다.
시간의 관문을 통해 카이우스는
운명을 따라 모험을 시작합니다.

혼란스러운 마음

- 헤지ㄴ 곤살베스

이런!
도대체 무슨 일이 일어나고 있는 거지?
내가 텅 빈 페이지에 갇힌 것 같은데?
안 돼! 이건 미친 짓이야!
난 지금 온통 하얗게 칠한 방에 있나 봐.
아니, 잠깐만.

저 아래 구석진 곳에 있는 숫자는 뭐지?
아뿔싸!
어떻게 해서라도 알아내야겠는걸.
아니, 잠깐만. 가까이 가 보자.
저기까지 기어가 봐야지.
녀석이 놀라지 않게 하려면 천천히 움직여야겠어.

뭐야!
믿을 수 없어!
다시 이곳에 올라왔지만 페이지 숫자가 바뀌었잖아!
절대 이 텅 빈 페이지에 그대로 있을 수는 없어.
이상한 기분이 들고 두렵기까지 한걸.
그래! 뭔가를 끼적거려 보자.

그렇게 하면 어떤 흔적을 남길 수 있을지도 몰라.

나의 흔적을.

그럼 내가 이곳을 소유하고 있는 것처럼 느끼게 될 거야.

글쎄, 그래도 기분이 나아지지 않는군.

뭔가 부족해.

마음이 텅 빈 것 같고.

끼적거린다고 해서 외로움이 달아나지는 않는걸.

낙서는 하얀 공간을 더럽힐 뿐이야.

그런데 낙서는 대체 무슨 소용이 있는 걸까?

먼 옛날에 원시인들이

동굴 벽에 손바닥 모양을 쿡 찍을 때조차

그들은 사냥과 자기들의 모험을

기록하고 있었던 거야.

그림 그리기.

이건 도움이 되지 않아.

난 제대로 그리지도 못할 뿐더러

그림 그리기는 나를 불안하게 만들 뿐이야.

그림은 또 여러 가지 다른 의미를 지닐 수도 있어.

이 고통을 멈추려면 뭔가 다른 게 필요해.

그래! 내 주변을 글자들로 에워싸는 거야.

단어들 이상의 것들로.

이런저런 구절들로 나를 에워쌀 필요가 있어.

이치에 맞는 구절들로 말이지.
이 멍한 느낌을 채워서
나를 보듬어 줄 구절들 말이야.

그게 바로 내가 바라는 거야!
나는 글과, 내게서 웃음을 자아낼 이야기들을 갖고 싶어.
나를 겁먹게 하고,
나를 울리고,
화나게 하고 심지어는 단잠에 빠지게 할 이야기들을…….

아니, 단잠에 빠지는 건 말고.
아, 이제야 알 것 같아.

나는 이야기 하나를 갖고 싶어.
아니, 하나가 아니라 많이.
이야기들이 나를 어디론가 데려가고,
여행으로 이끌겠지.
나는 또 환상적인 장소들을 알고 싶어.
사람들의 발길이 닿은 적 없는 곳들을.

이 여행을 위해서
내게는 슬픈 그리스의 신화들이 필요해.
내게 최고의 용기를 줄 심어 줄 것들로 말이야.
게으름을 떨쳐버려야 해.
지도를 사용해서
세상을 둘러볼 수 있도록.

결정을 내리지 못하겠어.
지구 중심을 가로지르는 지름길을 택할지
아니면 2만 리에 이르는
탐험에 뛰어들 것인지.

난 너무 멀리까지 내다보고 있나 봐.
너무 지나쳤나 봐.
여행은 이제 막 시작일 뿐인데.
서툰 솜씨로 끼적거린 선을 가지고
뭔가를 계속해 나가야 할 것 같아.
나의 가장 큰 두려움,
아무것도 이해하지 못하는 무지를 물리치기 위해서.

아마도 삼총사가 나를 도와줄지도 몰라.
우정을 가꾸어 나가는 동안
무료함을 버틸 수 있게 해 줄지도 몰라.
난 정말 활발히 움직일 필요가 있어.
전쟁과 평화는 어떨까?

젊은 부부를 방문해서
독약을 먹지 말라고
설득해야만 할지도 몰라.

고대 이집트로 돌아가서
미스터리에 둘러싸인 피라미드를 발견하여
옛 런던의 어느 골목에서 활동하던

탐정의 추리로
그 비밀을 밝혀낼 거야.

우주 공간을 엿보는 일도 잊지 말아야지.
안 그러면, 내가 어떻게 아이디어로 가득한
짐 가방을 가지고 다닐 수 있겠어?
어떤 기계와 함께
시간을 보내는 일도 잊어선 안 돼.
뭔가 조금이라도 시간을 보낼 게 있다는 건
좋은 일이니까.

이건 긴 모험이 될 거야.
이제 다 알 것 같아.
정신없이 모험에 빠져들기 위해서는
내게 천 밤 하고도 하룻밤이 더 필요할 거야.

깜짝 놀랄 만한 여행,
내겐 그게 필요해. 정말이야!
돌아왔을 땐
확실히 해 둘 것이 있어.
내 몸에 곰팡이가 피어 있어선 안 되고
텅 비거나 풀이 죽은 마음이어서는 안 된다는 것 말이야.
그 때문에 나는 이야기들이 제공하는
어마어마한 모험을 즐기려는 거야.

돌아온 다음에,
더 이상 나는 혼자가 아닐 거야.
왜냐하면 나는 아이디어와
판타지로 가득 찬
큰 가방만 가져오는 게 아니라,
내 마음을 담은
감정으로 가득 찬
작은 가방도 가지고 올 거니까.

돌아온 다음에,
기념품들을,
소중한 추억들을
여기저기 흩어 놓지는 않을 거야.
새로운 친구들,
마법의 이야기들로부터 도움을 받아
모든 것을 똑바로 정리할 거야.

그렇게 하면 나의 생각들을
이 창백한 종이에 옮길 수 있을 거고,
안 그러면 난 정말 당황할 거야.
나는 종이들이 뒤죽박죽 된 채
서랍 속에 갇히게 하지도 않을 거야.
내가 공개하는 이 엄청난 내용을 다듬고
기발하게 잘 꾸며서,
누군가가 방문하기를 기다려야지.

정말 멋진 입구를 만들어서
누군가가 와서 문을 두드릴 때
안 들어오고는 못 배기게 만들어야지.
확신하건대
누군가 문을 열고 들어올 거고,
집처럼 편안하게 느껴 나와 이야기를 나눌 거야.
나의 방문자는 누구라도 상관없어.
말을 똑바로 할 줄 모르고
나의 공간을 어질러 놓고 싶어 할
아주 어린 아이들이라도 괜찮아.

난 조금도 화내지 않을 거야.
이런 사람들이
이 공간에 생기를 가져다줄 거니까.
참, 난 잊으면 안 돼.
눈물 얼음을 넣어 흔들고
전율을 섞은
웃음을 제공하는 일을.

호기심을 불러일으키는 이 사람들은
나에게 세상에서 가장 아름다운
선물을 가져다줄 거야.
난 마침내
이 특별한 친구들 한 사람 한 사람에게서
반짝이는 눈빛을 곁들인
따뜻한 미소를 얻게 될 거야.

내가 어떻게 그런 행복에
보답할 것인지도 생각해 보았어.
나의 보물들과,
아이디어들을 그들과 함께 나누고,
그들에게 사랑스런 별명을 붙여 줘야지.
나를 찾아와서 나를 만날 그 사람들
난 그들을 이렇게 부를 거야.
독자 여러분!

차례

인터넷으로 배우는
지수 법칙

　우리의 주인공 카이우스는 책상에 앉아 멍하니 모니터를 바라보며 무엇을 할지 생각하고 있었다. 얼마 전 게임을 마지막 판까지 다 깨 버린 후에는 다른 게임을 시작할 마음이 들지 않았다. 카이우스는 한숨을 내쉬며 침대에 누워 텔레비전을 켰다. 볼 만한 프로그램을 찾아 채널을 이리저리 바꾸다가 끝내 포기했다. 할 수 없이 텔레비전을 끄고 거울 앞으로 갔다. 그리고 지난번 축구 연습을 할 때 생긴 눈가의 보라색 멍을 손으로 만져 보았다. 다행히 멍 자국은 점점 옅어지고 있었다. 카이우스는 눈에 팔꿈치가 날아들기 전에 친구에게 공을 패스했고, 친구는 오버헤드 킥으로 골을 넣었다. 카이우스는 배가 약간 나온 자신의 모습을 거울에 비춰 보려고 몸을 돌렸다. 그러다가 얼마 전에 억지로 시작하게 된 다이어트가 생각나서 투덜거렸다. 그는 삐딱한 아이처럼 보이도록 짙은 갈색 머리카락을 재빨리 헝클어뜨리고 나서 헝클어진 머리를 못마땅해하는 엄마가 떠올라 싱긋 웃었다. 어쨌거나 카이우스는 헝클어진 머리가 마음에 들었다. 딱히 할 일이 떠오르지 않자 커튼을 치고 음악이나 듣는 게 낫겠다고 생각했다.

카이우스는 6학년 생활을 상상해 보았다. 많아진 과목수와 훨씬 늘어난 숙제 때문에 얼마나 스트레스를 받게 될까? 그러자 다른 아이들처럼 카이우스도 숨이 막혔다. 쉬는 시간과 친구들이 있기 때문에 학교를 좋아하긴 하지만 아무래도 좀 벅차다는 느낌을 떨칠 수가 없었다. 어깨를 짓누르는 가방의 무게를 생각하면 그 느낌은 더 심해졌다. 엄마의 대사가 '얘야, 밖에 나가서 놀아라!' 혹은 '어머나, 어느새 이렇게 컸니?'에서 '숙제 다 했니?'나 '어떻게 했기에 수학 성적이 요 모양이냐?'로 바뀐 것과 비슷한 느낌이었다.

카이우스의 성적은 좀 심각했다. 부모님은 성적을 확인하신 후 일주일 동안 스케이트보드를 타지 말라고 명령하셨다. 카이우스는 곧 개최되는 스케이트보드 대회에서 멋진 실력을 발휘할 자신이 있었기 때문에 무척 속이 상했다. 그러나 지금은 시험을 볼 때까지 과외 선생님과 공부를 해야 하는 신세였다. 성적이 오르지 않으면 모든 게 끝이었다. 수학은 너무 어려웠다. 수학 때문에 카이우스의 머리는 정말 혼란스러웠다.

카이우스는 시간이 멈춰 주기를 바랐다. 아무것도 하지 않고 멍하니 있을 시간이 더 필요했다.

"똑똑!"

누군가가 현관문을 두드렸다. 엄마의 목소리가 들려왔다.

"지나 선생님이 오셨어. 선생님이 올라가실 거다. 방 치웠니?"

엄마는 대답을 기다리지 않고 계속해서 말했다.

"선생님 올라가신다! 빨리 머리 빗어라."

"에이, 하필이면 정말 공부하기 싫은 날에 오실 게 뭐람."

카이우스가 중얼거렸다.

이내 방문을 가볍게 두드리는 소리가 들렸다. 지나 선생님이었다. 카이우스는 방 안을 뛰어다니며 이불을 정리하고 어지럽게 흩어진 책들을 재빨리 치워 놓았다. 그리고 자기가 제일 좋아하는 모자를 써서 형클어진 머리카락을 감추었다.

"안녕, 카이우스. 이제 들어가도 되니? 아니면 문 밑으로 들어갈까?"

방문 너머에서 부드러운 목소리가 들렸다.

"문 밑으로요?"

카이우스는 놀라서 눈을 깜빡거렸다.

"그럼."

종이 한 장이 문 밑으로 들어왔고 거기에는 다음과 같이 쓰여 있었다.

오늘은 날씨가 좋구나. 우리 같이 세상을 항해해 볼까?

우리는 고기잡이 그물을 만들 수도 있어.

거듭제곱의 도움을 받아서 만들어 보는 건 어떨까?

:: 거듭제곱 ::

카이우스는 문을 열었다. 지나 선생님은 키가 크고 날씬했으며 안경을 끼고 있었다. 카이우스는 지나 선생님에게 물었다.

"거듭제곱이요?"

"그래."

선생님은 눈을 빛내며 대답했다.

"거듭제곱은 다른 말로 지수라고도 해. 거듭제곱의 도움으로 그물을 만들어 보자."

"그물이요?"

"그래. 오늘은 낚시를 하고 싶네. 그런데 물고기 대신 정보를 잡고 싶어. 인터넷은 어떨까? 인터넷 그물망에는 어떤 지수들이 있나 볼까? 이리 와! 항해할 준비를 해야지."

선생님은 카이우스의 컴퓨터 앞에 편안하게 앉았다. 그러고는 카이우스가 준비하기를 기다리지도 않고 손을 뻗어 책상 위에서 종이 한 장을 집었다.

선생님은 빠른 속도로 그림을 그리면서 설명을 시작했다.

"그물망 만들기부터 시작해 보자. 우리가 인터넷 메신저로 다른 사람과 대화를 나눈다고 생각해 봐."

선생님은 첫 번째 스케치를 들어 카이우스에게 보여 주었다.

"우선 컴퓨터 2대가 있다고 생각해 보자."

"이제 우린 여기에 2를 곱해 줄 거야."

"그리고 또 2를 곱하는 거야."

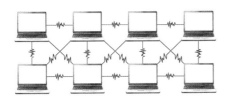

"이 그물망에 2를 계속 곱할 수도 있어."

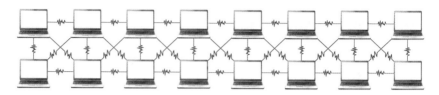

"생각해 봐. 컴퓨터가 2대 있는 게 아니라 3대가 있다고 말이야."

"여기서는 간단히 3을 곱하기만 하면 된단다."

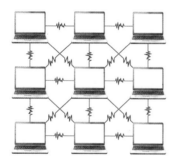

"거기에 또 3을 곱하면 어떻게 될까? 3×3×3이 되겠지?"

"음, 그렇게 되네요."

의자를 가까이 당겨 앉으면서 카이우스가 말했다.

"일단 그물망이 형성되면 우린 재미있는 놀이를 시작할 수 있단다."

지나 선생님은 컴퓨터 앞으로 바짝 다가앉았다.

"이제 정보를 낚아 볼까? 자……."

지나 선생님은 대화방을 만들었다.

"너한테 친구가 7명 있다고 생각해 보자. 넌 각각의 친구들에게 매일 7개의 메시지를 보낼 거야. 각 메시지는 7개의 문장으로 되어 있고, 각 문장마다 7개의 기호 같은 것을 집어넣을 거야. 메시지는 대강 이런 모양이 되겠지."

지나 선생님은 자신의 보낸 메시지 함을 열어 메시지들을 보여 주었다.

버트에게_정말 아파! 코 끝에 여드름이 났어. (:-o

갬에게_얼른 방학이 시작되었으면 좋겠어. 학교가 나를 이렇게 만들고 있어. (:-◊

레티시아에게_너 밥의 눈 봤니? 어쩜 그렇게 크니! (:-)

닐에게_수학 시험이 언제인지 아니? 좀 알려 줘. 다음에 보자! (:-D

라이프에게_그건 어제였잖아. ⟨:-)

실비아에게_울 엄마 표정이 이래 (:-& 왜냐하면 내가 텔레비전 리모컨을 어디다 뒀는지 잊어버렸거든. 찾을 때까지 집에 있어야 돼.

톤트에게_너 냉장고 안을 들여다봤어? B-)

다이아나레이더에게_레몬파이 좀 먹을까? @:-)

바바뱀프에게_뱀프야 안녕! 나 그거 못 먹어. 그거 먹으면 여드름 나더라. (:*

샘에게_나랑 같이 놀러갈까? (;-)

램에게_음. (:-P

"너 이모티콘이 뭔지 아니?"

짙은 색으로 표시된 모양들을 가리키며 지나 선생님이 물었다.

"이건 인터넷에서 메시지를 보낼 때 감정을 표현하기 위해 사용하는 기호들이야."

(:-O	오, 안 돼!	<:-)	바보 같은 질문
(:*	뽀뽀	(:-)	행복해
(:-◇	겁나	(:-&	정말 화났어
(;-)	윙크	:-X	입 다물어
(:-P	메롱	B-)	안경잡이
(:-D	좋아서 입을 헤 벌림	@:-)	곱슬머리

"정말 귀여운 모양이지?"

지나 선생님이 사랑스럽다는 듯이 이모티콘들을 보면서 말했다. 그러다가 좀 전에 했던 이야기가 생각났는지 급히 수업으로 돌아왔다.

"아 참, 7에 관한 이야기로 돌아가자. 질문 하나 할게. 그럼 넌 매일 몇 개의 메시지를 보내게 되겠니?"

카이우스는 종이 한 장을 들고 끼적거렸다.

"7부터 시작한다면

그냥 곱하기만 하면 되는 거죠? $7 \times 7 = 49$가 되고,

그다음엔 $7 \times 7 \times 7 = 49 \times 7 = 343$이 되고,

또 $7 \times 7 \times 7 \times 7 = 343 \times 7 = 2401$이 되고,

그리고 $7 \times 7 \times 7 \times 7 \times 7 \times 7 \times 7$은……."

카이우스는 신이 나서 계속해 나갔다.

"이제 됐어. 그런데 그렇게 계속 곱하기를 쓰다 보면 종이가 너무 지저분해지지 않니? 7을 계속 쓰는 대신 다른 방법으로 표시해 보는 건 어떨까? 이렇게 말이야."

$$7 \times 7 \times 7 = 7^3$$

또는

$$7 \times 7 \times 7 \times 7 = 7^4$$

"7처럼 곱하기를 이루는 수를 **인수**라고 해. 지수는 인수가 몇 번 반복되어 곱해졌는지를 표시할 수 있어. 반복된 수를 **밑**이라고 하고 밑이 몇 번 반복되었는지 표시하는 작은 수를 **거듭제곱**이나 **지수**라고 부르지. 거듭제곱의 결과를 **지수의 값**이라고 한단다."

$$\underbrace{2 \times 2 \times 2 \times 2 \times 2}_{\text{인수}} = \underset{\text{밑}}{2}^{\overset{\text{거듭제곱 또는 지수}}{5}} = \underset{\text{지수의 값}}{32}$$

"지수는 밑이 인수로 몇 번이나 쓰였는지를 알려 주는 거야. 5가 밑이고 지수 2가 붙으면 '5의 제곱'이라 불리고, '5 곱하기 5'라는 뜻이 돼. 5에 지수 3이 붙으면 '5의 세제곱'이 되고, '5 곱하기 5 곱하기 5'라는 뜻이 된단다. 정수, 소수, 분수 등 어떤 숫자든지 밑이 될 수 있어.

지수는 이렇게 읽는거야.

5^2은 5의 제곱.

5^3은 5의 3제곱.

2^5은 2의 5제곱.

3^4은 3의 4제곱.

4^6은 4의 6제곱.

8^1은 8의 1제곱. 하지만 이 경우 지수 1을 군이 쓸 필요는 없고 그냥 8이라고만 쓰면 돼."

선생님은 설명을 계속했다.

"지수는 어떤 숫자가 몇 번 반복되어 곱해졌는지를 매우 편리하게 표현하는 방법이야. 사람들이 메시지를 주고받을 때 이모티콘을 써서 말을 줄이는 것처럼. (:-)"

"선생님, 이 기호들을 친구들에게 가르쳐 주고 싶어요."

카이우스가 친구들에게 메시지를 쓰려는 순간 선생님이 물었다.

"우린 7의 제곱이 49와 같고, 7의 1제곱이 7이라는 걸 배웠어. 그럼

7의 ○제곱은 뭘까?"

"글쎄요, 제 생각엔 ○일 것 같은데요."

자신감이 생긴 카이우스가 말했다.

"이런, 틀렸어! 정답은 1이란다."

"왜 1이 되는 거죠?"

"7×○과 혼동하면 안 돼. 왜냐하면 우리는 어떤 숫자의 ○제곱에 대해 얘기하고 있는 중이거든. 이 문제에 대한 답을 얻으려면 지수 법칙을 공부해야 해.

∷ 지수 법칙 ∷

1. 밑이 같은 지수들을 곱할 때, 다음의 예를 보자.

3×3에 3×3×3을 곱하는 건 3×3×3×3×3과 같아.

그러니까 $3^2 \times 3^3 = 3 \times 3 \times 3 \times 3 \times 3 = 3^5$

따라서 $3^{2+3} = 3^5$

> 밑이 같은 지수들을 곱할 때는 지수끼리 더하면 된다.

2. 밑이 같은 지수들을 나눌 때는 다음과 같이 계산하면 돼.

$4×4×4×4$를 $4×4×4$로 나누면

$4^4÷4^3=4^{4-3}=4^1=4$가 된단다.

> 밑이 같은 지수들을 나눌 때는 지수끼리 빼면 된다.

"그러면 나누어지는 수와 나누는 수의 밑과 지수가 모두 같으면 어떻게 될까?"

선생님은 질문에 스스로 답하면서 설명을 계속했다.

"그건 $6^3÷6^3=1$이 되는 거야. 분자와 분모가 같으니까. 따라서

$6^3÷6^3=6^{3-3}=6^0$이고 그 값은 1이 된단다."

> 어떤 숫자든 지수가 0이면 그 값은 1이 된다.

"정말 1이 되네요. 1이 될 줄은 몰랐어요."

연습장을 바라보며 카이우스가 말했다.

"자, 계속해서 몇 가지 법칙을 더 살펴보자."

선생님이 설명을 계속했다.

3. 지수에서는 결합 법칙이 성립되지 않는다는 점을 주목해야 해.

$(a^b)^c$ 은 a^{b^c} 과 다르단다.

예를 들어 $(2^3)^4$ 은 2의 3제곱을 먼저 계산하고 그 답을 4제곱해서 계산하지. 즉 8의 4제곱을 계산하여 4,096을 얻게 돼.

그러나 2^{3^4} 은 3의 4제곱을 먼저 계산하고, 그 결과를 2의 거듭제곱으로 계산하는 거야. 즉 2의 81제곱을 계산하여 2,417,851,639,229,258,349,412,352를 얻게 되지.

전혀 다른 숫자가 되는 거야!

계산하는 순서를 한정하는 괄호가 없을 경우, 보통 오른쪽에서 왼쪽으로 계산한다.

다른 예들을 살펴볼까?

$(7^2)^3 = (7 \times 7) \times (7 \times 7) \times (7 \times 7) = (7)^{2 \times 3} = (7)^6 = 117649$

$7^{2^3} = 7^{2 \times 2 \times 2} = 7^8 = 5764801$

$(5^2 \times 8^3)^2 = 5^{2 \times 2} \times 8^{3 \times 2} = 5^4 \times 8^6 = 163840000$

$5^{2^2} \times 8^{3^2} = 5^4 \times 8^9 = 83886080000$

4. 10의 거듭제곱을 보자.

$10^1 = 10$ $10^2 = 100$

$10^3=1000$ $10^4=10000$

> 10의 거듭제곱에서 지수를 나타내는 숫자는 지수의 값에 나타난 0의 개수와 같다.

"선생님 다 끝났나요? 이제 인터넷 하면서 좀 쉬어도 되죠?"

게임에 흥미가 생긴 카이우스가 물었다. 그리고 인터넷 서핑을 하던 중 좀 특이한 사이트를 발견했다.

"어? 여기 '나누기연구실닷컴'이라는 사이트는 뭐죠?"

컴퓨터 화면에 뜬 사이트를 보면서 카이우스가 물었다.

"선생님, 클릭해서 사이트에 들어가 보세요."

"여기 봐!"

지나 선생님이 카이우스의 옆구리를 슬쩍 찌르며 외쳤다.

"넌 방금 지수의 법칙들을 찾아 인터넷을 돌아다녔고 그 공부를 훌륭하게 끝냈어. 하지만 아직 공부를 다 한 건 아니야."

"앗, 다음에 해요."

"안 돼, 좀 더 해야 돼!"

선생님과 카이우스가 아옹다옹하는 사이에 컴퓨터가 '삐' 하고 큰 소리를 냈다.

"너한테 이메일이 왔구나."

선생님이 화면을 쳐다보며 말했다.

카이우스는 클릭을 하고 메시지를 읽었다.

도전을 좋아한다면 수수께끼닷컴 홈페이지를 방문하시오.

카이우스가 링크를 클릭했다.

호기심 많은 사람을 환영합니다.
이 수수께끼를 푸는 사람은 멸종 위기에 처한 생물을 구하게 됩니다.

시간과 관계 있는 수수께끼
아침에는 천진난만하고
점심에는 사냥을 하고
다음 날이 되면
나는 버린다.
내 주변의 모든 것과 모든 사람들을.
난 누구일까?

이 수수께끼를 가능한 빨리 풀어 보세요.

카이우스는 수수께끼를 풀었다. 키보드로 답을 써서 확인 버튼을 클릭하고 사이트가 어떻게 반응하는지 기다리고 있었다. 그런데……
"얘, 너 어디 있니?" 지나 선생님이 카이우스를 찾느라고 방을 두리번거리며 물었다.

놀랍게도 카이우스가 선생님 눈앞에서 거짓말같이 사라져 버린 것이었다. 당황한 선생님이 큰 소리로 외쳤다.

"어떻게 된 거지? 카이우스!"

나누기연구실닷컴

우리 수학마법연구소에서는 기술적·생태학적 이유들을 고려하여 신제품을 만들었습니다. 앞으로 이 제품에 많은 관심을 가져 주시길 바랍니다. 우리의 신제품은 바로 **나누기의 조건**입니다.

이 제품은 계산을 하지 않고도 나눗셈의 결과를 예측하기 때문에 계산을 위해 필요한 시간과 종이를 절약할 수 있게 해 줍니다.

쓰레기와 오물, 즉 나머지를 남기지 않는 우리의 해결책. 이 혁신적인 제품으로 나머지를 없애 버립시다!

어떤 수가 어떤 경우에 나머지를 하나도 남기지 않는지, 혹은 어떤 경우에 나머지를 남기는지 시험해 봅시다.

직접 테스트해 봅시다! 분석을 시작합니다.

1. 주어진 수는 다음과 같은 경우에 2로 나누어집니다.
- 그 수가 결혼을 해서 홀수가 아니라 짝수일 때.
- 음식점에서 계산할 때 웨이터에게 팁을 주지 않고 음식 값을 똑같이 반으로 나눌 때.

예 ▶ 234 345

234는 짝수이므로 2로 나누어집니다.

345는 홀수이므로 2로 나누면 나머지가 남습니다.

2. 주어진 수는 다음과 같은 경우에 3으로 나누어집니다.
- 그 수를 구성하는 숫자들의 합이 3으로 나누어질 때.

예 ▶ 356 612

356 = 3 + 5 + 6 = 14

14는 3으로 나누어지지 않습니다.

따라서 356은 3으로 나누어지지 않습니다.

612 = 6 + 1 + 2 = 9

9는 3으로 나누어집니다.

따라서 612는 3으로 나누어집니다.

3. 주어진 수는 다음과 같은 경우에 4로 나누어집니다.

• 전화번호가 00으로 끝날 때.

• 끝 두 자리가 4로 나누어떨어지는 숫자일 때.

예 ▶ 12,300 3,456 123

12,300과 3,456은 4로 나누어집니다. 12,300은 00으로 끝나고 3,456은 끝에 있는 두 자리 56이 4로 나누어집니다. 하지만 123은 4로 나누어지지 않습니다! 끝 두 자리 23은 4로 나누었을 때 나머지가 남습니다.

직접 확인해 보세요!

4. 주어진 수가 5로 나누어집니까아아아?(이크! 계속 계산하다 보니 머리가 점점 뒤죽박죽이 되는군요.) 다시 말하자면 다음과 같은 경우 5로 나누어집니다.

• 마지막 수가 0일 때.

• 0이나 5로 끝나는 숫자만 입장을 허락하는 파티에 갈 때.

이것은 10으로 나누어지는 수처럼 매우 쉽습니다!

꼭 계산을 해 봐야 할까요?

5. 주어진 수는 다음과 같은 경우 6으로 나누어떨어집니다.

• 2로 나누어지면서 3으로 나누어지는 수.

예 ▶ 312   416   315

312는 짝수이며 3+1+2 = 6이므로 3으로 나누어집니다.

나누기의 조건에 따라 312는 6으로 나누어떨어집니다.

416은 짝수이지만 3으로 나누어떨어지지 않습니다.

315는 홀수이므로 6으로 나누어지지 않습니다.

직접 각 자릿수의 합을 계산해 보세요.

6. 주어진 수는 다음과 같은 경우에 8로 나누어집니다.

- 그 수의 마지막 세 자리가 ○○○으로 끝날 때.
- 그 수의 마지막 세 자리가 8로 나누어질 때.

예 ▶ 41,000 1,000 1,234 6,528

4의 나누기 조건과 비슷합니다. 확인해 보세요.

7. 마지막으로 주어진 수는 다음과 같은 경우에 9로 나누어집니다.
- 그 수를 구성하는 숫자들의 합이 9로 나누어떨어지는 경우.

예 ▶ 6,354 57,285 3,256

$6354 = 6+3+5+4 = 18$ 나머지 $= 0$

$57285 = 5+7+2+8+5 = 27$ 나머지 $= 0$

$3256 = 3+2+5+6 = 16$ 나머지 $\neq 0$

3의 나누기 조건과 비슷합니다. 확인해 보세요.

우리 연구실의 전문가들이 이 효과 만점 제품을 꼼꼼하게 검사했습니다.

나누기의 조건을 가지고 더 빨리 계산해 보세요.
사용하면서 즐기세요.

수학마법연구소에서 개발되어 승인까지 받은 제품입니다.

관심을 가져 주셔서 감사드립니다.
이 제품이 여러분들게 유용하게 사용되길 바랍니다.

루트 감옥과
인수분해

터널인지 뭔지 알 수 없는 공간으로 빨려 들어간 카이우스는 잠시 짙
은 안개에 싸인 채 둥둥 떠 있었다. 그러다가 마침내 안개가 엷어졌고
자신이 어딘가 다른 곳에 와 있음을 알게 되었다.

그곳은 성 안에 있는 넓은 방이었다. 카이우스는 중세 영국 기사들이
입었을 법한 옷차림을 한 이상한 사람들에게 둘러싸여 있었다.

카이우스 앞에는 턱수염이 검은 남자가 왕좌에 앉아 있었는데, 그는
매우 놀란 표정을 짓고 있었다. 아마도 자기 앞에 서 있는 소년의 이상
한 옷차림과 필사적인 부르짖음 그리고 어딘가 좀 세련되지 못한 태도
때문에 충격을 받은 모양이었다.

"내가 지금 어디에 있는 거지? 이런, 이건 분명 꿈일 거야. 어떻게 내가 이곳에 오게 되었지?"

왕이 벌떡 일어서더니 성난 목소리로 소리쳤다.

"입조심해라. 건방진 꼬마야! 무슨 마법을 써서 여기로 온 거냐? 너를 데려온 성가신 마법사는 어디 있느냐?"

왕이 의심스럽게 좌우를 둘러보았지만 다른 사람들은 그 자리에 얼어붙은 듯 왕을 쳐다볼 뿐이었다.

"나를 도와줄 마법사 멀린이 옆에 있다면……. 너를 데려온 마법사는 영원히 지옥에 떨어지는 신세가 되고 말 것이다."

왕은 카이우스가 어느 마법사에 의해 이곳에 오게 되었는지 몰랐고, 카이우스가 적일지도 모른다는 점을 고려하여 호위대를 불렀다.

"지하 감옥으로 끌고 가라. 이 아이를 체포하라!"

"멍청한 폭군!"

카이우스는 절망적으로 몸부림치며 소리쳤다. 그러고는 복도를 따라 사람들이 입에 담기조차 두려워하는 곳으로 끌려갔다.

∷ 누트 감옥 ∷

그렇다! 사람들이 마치 숫자처럼 취급당하는 곳, 고통스러운 고문에서 어떻게든 벗어나려고 안간힘을 쓰는 곳이다. 그러나 제곱수, 즉 어떤 수의 제곱인 숫자는 감옥을 벗어날 자유가 있었다. 루트 안에 있는 수에게는 감옥이지만 제곱수에게는 자유의 기회가 있는 것이다.

카이우스를 비롯한 숫자들은 루트라는 이상한 이름을 가진 소름끼치고 음침한 곳에 있게 되어 몹시도 두려워하고 있었다. 불쌍한 존재들! 그들은 갇힌 몸이 되었다. 숫자들은 감옥의 가장 높은 자리에 서 있으면서 파수꾼 노릇을 하는 작은 숫자들에게 항상 감시를 받고 있었다. 감옥 안의 숫자들은 또한 루트 안에 있는 수라는 특별한 이름으로 불리고 있었다.

감옥엔 수백 개의 감방들이 있었고 종신형을 선고 받은 수들로 가득했다. 그들은 모두 자유를 찾기를, 루트에서 벗어나기를 바랐다.

호위병들이 카이우스를 답답하고 어두운 감방에 세게 떼밀었기 때문에 카이우스는 그만 바닥에 나뒹굴고 말았다. 화가 머리끝까지 난 카이우스는 밖으로 나가려고 창살로 달려들었다. 카이우스는 몇 시간 동안 내보내 달라고 소리를 지르고 악을 쓰다가 지칠 대로 지치고 말았다. 루트 감옥의 더럽고 축축한 벽에 기댄 채 주저앉아 바닥에 동그랗게 몸을 움츠리며 생각했다.

'도대체 무슨 일이 일어나고 있는 건지 모르겠어. 내가 어떻게 이곳에 오게 된 걸까? 저 사람들은 누구지? 이건 악몽이 분명해. 냄새는 얼마나 고약한지. 난 언제쯤 이 꿈에서 깨어날까?'

그런데 카이우스는 모르고 있었지만 그동안 충분히 고초를 겪은 숫자들이 막 탈출을 시도하고 있었다. 사실상 매우 적절한 시기에 그곳에 도착한 셈이었다.

숫자들의 탈출 계획은 다음과 같다.

A 계획. 첫 번째로 감옥의 파수꾼들을 속이기 위해 숫자를 변형시킨다. 이 목적을 이루기 위해 그들은 음식을 나르는 궁중의 어릿광대로부터 도움을 받기로 했다. 별명이 인수분해인 어릿광대는 위장의 명수였다.

인수분해는 숫자 하나를 잡고 죄수복을 찢어 위장을 시켰다. 그는 다음과 같이 숫자를 가능한 한 가장 낮은 수로 바꾸었다.

$4 = 2 \times 2$

$27 = 3 \times 3 \times 3 = 3^3$

$8 = 2 \times 2 \times 2 = 2^3$

$$14 = 2 \times 7$$
$$15 = 3 \times 5$$
$$32 = 2 \times 2 \times 2 \times 2 \times 2 = 2^5$$
$$40 = 2 \times 2 \times 2 \times 5 = 2^3 \times 5$$

이런 방식으로 숫자는 완전히 다른 모습으로 보이게 되었다.

정말 기막힌 방법이 아닌가! 하지만 감옥의 파수꾼들은 바보가 아니었다. 이 방법으로는 그들을 완전히 속이지 못했다.

두 번째 계획은 다음과 같다. 감옥의 파수꾼들은 매우 강했다. 하지만 이야기에 등장하는 파수꾼들이 늘 그렇듯이 이들 또한 루트 안에 있는 수들이 탈출하는 걸 눈감아 주는 대가로 돈을 받곤 했다.

파수꾼들이 받는 돈은 바로 인수분해된 수의 지수였다. 감옥을 벗어난 죄수들은 인수분해를 통해 충분한 돈을 가질 수 있었던 숫자들이었다. 지수를 가지지 않는 수는 감옥에 그대로 남게 되었다. 루트 안의 수들은 이렇게 어떤 수의 제곱이 되어 루트를 빠져나가는 탈출을 시도했다.

파수꾼 2에 의해 감시를 받는 감방들은 제곱근($\sqrt[2]{}$)이라고 불렸고, 파수꾼 3에 의해 감시를 받는 경우 세제곱근($\sqrt[3]{}$)이라고 불렸다.

다른 숫자들이 더해지면 감방들은 다음과 같이 보일 것이다.

네제곱근($\sqrt[4]{}$)

다섯제곱근($\sqrt[5]{}$)

⋮

계획으로 다시 돌아가자. 제곱으로 변할 경우 대개 탈출이 일어날 것이다. 지하 감옥은 버려지고 지수들은 사라질 것이다.

그러나 루트 안에 있는 수들은 자신들이 2에 의해 감시를 받고 있기 때문에 탈출이 훨씬 더 어려울 것이라는 사실을 잘 알고 있었다. 그것은 아마도 지수 2가 주화를 받기 위해 자신의 초소를 지키지 않았기 때문일 수도 있었다[제곱근($\sqrt[2]{}$)에서 2는 주로 생략되어 $\sqrt{}$로 표기된다.]. 누가 알겠는가? 이런 경우, 탈출은 완전제곱수라고 불렸다.

카이우스는 탈출에 관한 모든 일에 겁을 먹었다. 일이 모두 잘못될 수도 있었으나 그 이상한 장소에 혼자 남는다는 것 역시 즐겁지 않았다. 그는 행운을 기대하며 고통을 받고 있는 친구들과 함께 탈출을 시도해 보기로 결정했다.

대부분의 감방들은 고립되어 있었고 인수분해는 그 안에서 열심히 일하고 있었다. 인수분해는 죄수를 잡고 그 모습을 바꾸어 놓았다.

지수

루트 위에 있는 수

$$\sqrt{4}=2 \ \text{왜냐하면} \ \sqrt{4}=\sqrt{2\times2}=\sqrt{2^2}=2^{2\div2}=2^1=2$$

$\sqrt[3]{8} = 2$ 왜냐하면 $\sqrt[3]{8} = \sqrt[3]{(2 \times 2 \times 2)} = \sqrt[3]{2^3} = 2^{3 \div 3} = 2^1 = 2$

$\sqrt{16} = 4$ 왜냐하면 $\sqrt{16} = \sqrt{2^4} = 2^{4 \div 2} = 2^2 = 4$

$\sqrt[4]{16} = 2$ 왜냐하면 $\sqrt[4]{16} = \sqrt[4]{2^4} = 2^{4 \div 4} = 2^1 = 2$

어떤 감방에는 여러 명의 죄수들이 한꺼번에 갇혀 있기도 했다. 루트 안의 수들은 곱셈의 사슬로 묶여져 있었다.

$\sqrt[3]{27a^4b^5}$ a와 b는 어떤 수든지 대입될 수 있다.

지수 ⟶

루트 위에 있는 수 ⟶

$\sqrt[3]{27} = \sqrt[3]{3 \times 3 \times 3} = 3^{3 \div 3 = 1 \cdots 0}$

$\sqrt[3]{a^4} = a^{4 \div 3 = 1 \cdots 1}$

$\sqrt[3]{b^5} = b^{5 \div 3 = 1 \cdots 2}$

이것들은 주화가 충분하지 못했기 때문에 모든 루트를 제거할 수 없었던 감방들이다. 이것들은 다음과 같은 모습을 취하게 되었다.

$3ab \sqrt[3]{ab^2}$ (나머지는 루트 안에 남아 지수가 된다.)

카이우스는 용케 탈출할 수 있었다. 그가 지하 감옥의 복도 끝에 도달했을 때 다른 루트 안에 있던 수들이 복도를 계속 따라가고 싶어 하지 않는다는 것을 알아차렸다. 그곳은 가장 위험한 죄수들이 갇혀 있는 장소인 것 같았는데 그 죄수들은 자신들의 좁은 감방을 다른 죄수들과 함께 쓰고 싶지 않다는 이유로 소동을 벌였다. 호위병들은 감방을 혼잡하지 않게 만들기 위해 그들을 그곳에 가둔 모양이었다.

인수분해는 수의 형태를 변형시켜 위장하기 전에 그들을 질서 있게 정렬시켜야 했다. 카이우스는 어릿광대 인수분해가 그 일을 어떻게 하는지 보려고 그와 함께 있었다. 숫자들의 표정은 섬뜩했지만 그것은 첫인상일 뿐이었다. 카이우스는 위험한 죄수들 역시 인수분해의 도움을 받아 위장을 하고 난 다음에는 그들도 다른 루트 안에 있는 수와 똑같이 보이게 될 거라는 사실을 곧 깨달았다.

$$\sqrt[3]{15 \div 5 + 24} = \sqrt[3]{3 + 24} = \sqrt[3]{27} = \sqrt[3]{3^3} = 3$$

그 계획은 마침내 실행에 옮겨졌고 대부분의 죄수들은 루트 감옥에서 탈출할 수 있었다. 탈출 후 대규모 반란이 일어났고 호위병들은 진압되었다.

이제 더 이상 루트 안에 있는 수가 아닌 반란자들은 있는 힘을 다해 밖으로 빠져나가는 사다리를 타고 올라갔다. 그러나 반대편에는 거대한 철문이 버티고 있었다.

"마법사의 방이다!"

나이가 무척 많아 보이는 여자가 외쳤다.

"그 사람들은 지혜라고 불리는 마법을 쓴다고 해요."

"우리가 이곳을 빠져나가기 위해서는 그 방을 통과해야 해요. 다른 길은 없어요."

인수분해가 말했다.

"빠른 걸음으로 이 지혜의 마법사들을 지나치는 건 어떨까요? 어쨌든 이 부근에서 대해서 알고 있는 사람은 아무도 없으니까요. 우리가 갇혀 있었던 건 그 때문이잖아요."

빨간 머리 소녀가 말했다.

"그들을 물리치는 유일한 방법은 그들을 우리 편으로 만드는 거예요."

검정 머리의 소년이 사람들을 헤치고 나와 말했다.

"어떻게 그렇게 할 수 있다는 거죠?"

빨간 머리 소녀가 물었다.

"우리가 자유를 누릴 자격이 있다는 걸 증명하는 것. 그게 방법이죠. 우리가 배울 수 있다는 걸 보여 주는 거예요."

소년이 대답했다.

"좋은 생각이에요!"

이 모든 일이 매우 재미있다고 생각하며 카이우스가 외쳤다. 하지만 곧 후회했다. 모두들 카이우스의 존재를 알아차리고서 이상한 표정으로 쳐다보았던 것이다.

"너, 서커스 복장을 한 아이. 나 좀 도와줄래? 네가 병사들과 싸우는 모습을 보았어. 넌 용감한 아이야. 넌 우리를 가두는 짓이 옳지 않다는 걸 잘 설득할 수 있을 거야. 아무래도 마법사들을 만족시키는 건 쉬운 일이 아니겠지만 이 사람들이 자유를 누릴 때, 이들은 세상에서 제일 말을 잘 듣는 청중이 된단다."

어릿광대가 카이우스에게 말했다.

"나도 가고 싶어요."

검은 머리 소년이 애원했다.

"그럼 우리 셋이 되는 건가? 여러분은 여기서 기다리시죠."

인수분해가 결정했다.

카이우스가 앞으로 나서서 철문을 두드렸다.

"누구냐?"

안에서 희미한 목소리가 들려왔다.

"저희들입니다."

인수분해가 대답했다.

"저희가 누구냐?"

"자유를 원하는 세 사람입니다."

카이우스가 대답했다.

"자유를 얻으려면 지혜가 필요하다. 너희가 자유를 누릴 자격이 되는지를 증명해야만 해. 너희의 잠재력을 시험해 보겠느냐?"

목소리가 물었다.

카이우스는 두 사람에게 속삭였다. 잠시 고개를 끄덕이기도 하고 투덜거리기도 한 뒤 그들은 모두 의기양양하게 그 문을 바라보았다.

"해 보겠어요!"

그들은 입을 모아 소리쳤다.

"그럼 시작해 보자. 들어와도 좋다!"

카이우스 일행이 방에 들어가자 방 안에는 다섯 명의 노인이 있었는데 파랑, 노랑, 주황, 초록, 빨강 등 머리 색깔이 모두 달랐다.

방 안의 물건들은 모두 둥둥 떠다니고 있었고, 심지어는 칠판도 움직이는 글자와 숫자로 가득 차 있었다.

주황 마법사가 카이우스 일행에게 다가와 말했다.

"우리는 유능한 마법사들이다. 우리의 질문에 대답을 한다면 너희들은 우리를 통과해도 좋다."

약간 무뚝뚝해 보이는 파란 마법사가 칠판 쪽으로 가더니 잠깐 동안 팔을 공중에 휘두르는 웃기는 동작을 취했다. 그러자 즉시 숫자와 글자들이 두 개의 수수께끼를 만들어 놓았다.

지혜의 마법사들은 소년들이 그 문제를 이해할 때까지 잠시 기다렸다. 몇 분, 몇 시간, 며칠이 흘러갔는지……. 누가 알겠는가? 이윽고 카이우스와 친구들은 답을 건네주었다. 마법사들이 답을 살펴보는 동안 초록 마법사가 아주 조심스럽게 노란 마법사에게 다가갔다.

"내 눈에 뭔가가 보이고 있어!"

그가 속삭였다.

"뭐가 보이는가?"

노란 마법사가 물었다.

"이 반역자들 가운데 한 명이 우리의 새 왕이 될 거라네. 지금 심한 진동이 느껴지네. 느껴진다. 난……."

"자네가 뭐?"

노란 마법사가 소리를 지르자, 그의 색깔이 분노와 함께 점점 더 환한 색으로 바뀌어 갔다.

"난……. 속이 메스꺼워지고 있어. 지난밤에 술을 너무 많이 마셨나 봐."

구역질 때문에 안색까지 초록색이 된 초록 마법사가 생각에 잠겼다.

그때 갑자기 방 뒤쪽에서 덜컹거리는 소리가 들려 왔다. 왕의 기사들이 문을 부숴 버린 것이었다.

"어떻게 부수지 않고 얌전히 문을 두드리는 법을 아직도 모를 수 있나? 바보 녀석들! 자네들이 와서 손해가 늘고 있어."

빨간 마법사가 불평했다.

"지하 감옥에서 반란이 일어났다고 들었습니다. 우린 당신들을 보호하려고 왔어요."

기사들 가운데 한 명이 탈출한 죄수들을 쏘아보며 말했다.

"우린 다만 자유를 원할 뿐입니다."

검은 머리 소년이 대답했다.

"자유를 얻으려면 너희들은 반드시 나눗셈을 할 줄 알아야 한다."

기사가 대꾸했다.

"그들에게 기회를 줘라! 그들 중 한 명은 우리의 왕이 될 운명을 타고 났다."

파란 마법사가 말했다.

"이자들을 나눗셈 문제로 시험해 본 다음에 그 말이 믿을 만한지 어떤지 보겠습니다."

기사는 이렇게 말하고는 곧장 네 개의 수수께끼를 더 내놓았다.

기사의 수수께끼

I

나는 말을 40필보다는 많게 70필보다는 적게 가지고 있다.

말의 숫자는 2, 3, 4, 6, 8로 나누어진다.

나는 말을 몇 마리 가지고 있을까?

II

우리는 사냥개를 150마리보다 적게 가지고 있다.

내가 한 번에 8마리, 10마리 또는 12마리씩 셀 때

항상 5마리가 남곤 한다.

우리는 사냥개를 몇 마리 가지고 있을까?

III

나는 무기를 수집하고 있는데

한 번에 5개씩 정렬하면 2개가 남는다.

한 번에 9개씩 정렬하면 1개가 남는다.

그런데 무기의 수는 50보다 적다.

나는 무기를 몇 개 가지고 있을까?

IV

우리의 왕은 200명에서 400명 사이의 병사들을 거느리고 있다.

그들이 6명이나 10명 또는 12명 단위로 대열을 지을 경우

남는 인원은 항상 4가 된다.

그러나 8명 단위로 대열을 지을 경우

남는 인원은 한 명도 없다.

왕은 몇 명의 병사들을 거느리고 있을까?

>> 정답은 250쪽에.

일행들이 이 문제들을 해결하는 데에는 시간이 더 걸렸다. 그 사이에 기사들은 기다리고 또 기다렸다.

마침내 인수분해가 답을 건네주었을 때 부서진 문짝 너머에서 육중한 발자국 소리가 들려왔다.

왕이 304명의 병사들을 거느리고 나타난 것이었다. 기사들은 즉시 왕에게 음모가 있었노라고 보고했다. 주변 사람들을 눈여겨 살피는 왕의 얼굴이 벌겋게 달아올랐다.

"이자들을 모두 감옥에 가둬라! 내일 이 반역자들을 처형하겠다."

"당신에겐 우리를 가두고 처형할 권리가 없어요. 우리에겐 변호사와 재판 그리고 영장인가 뭔가 하는 것에 대한 권리가 있다고요. 텔레비전에서 봤어요."

카이우스가 절망적으로 외쳤다.

"변호사라니 무슨 소릴 하는 거냐? 그 마법사가 너를 여기 데려왔느냐?"

"아니요, 실은 그보다 상황이 훨씬 더 안 좋습니다."

카이우스가 말했다.

"짐이, 짐이 곧 법이다. 짐은, 짐은 가차 없다. 짐은……."

또 한 번 요란한 소리가 났다. 그러나 이번에는 앞쪽에서 난 소리였다. 죄수들이 기다리다 지쳐서 싸움을 벌이기 시작한 것이었다. 기사들은 죄수들에게 얻어맞고 있었고 죄수들은 병사들에게 얻어맞고 있었으며 그러는 사이에 마법사들은 마법을 쓰지도 않고 창밖으로 몸을 던졌다.

소동이 벌어지는 동안 검은 머리 소년이 레버 같은 것에 부딪쳤고 그 바람에 비밀 통로로 향하는 문이 열렸다. 카이우스와 그의 두 친구들이 비밀 문으로 도망치자 왕이 그들을 손가락으로 가리켰다.

"저들을 막아라! 싸움을 멈춰라! 저들이 도망치고 있다! 저 야만인들을 이곳으로 다시 붙잡아 오너라! 짐은…… 짐은 여기 있겠노라. 무슨 일이 일어나든지 간에 지금은 차를 마실 시간이니까."

통로는 성 뒤에 있는 숲으로 연결되어 있었다. 세 명의 도망자들이 나무 사이를 달리는 가운데 병사들, 기사들, 그리고 마법사들이 그들의 뒤를 따르고 있었다. 다른 죄수들은 그 소란을 이용해서 몰래 달아날 수 있었다.

인수분해가 나무뿌리에 걸려 병사들에게 붙잡혔다. 그가 병사들을 분해시켜 물리치려고 애썼으나 그는 곧 꼼짝도 할 수 없게 되었다. 카이우스와 소년은 계속해서 달아났다. 카이우스는 주변을 둘러보며 애타게 숨을 곳을 찾았다. 그러던 중 어떤 바위에 꽂혀 있는 검을 보고 그쪽으로 달려갔다.

"이것 봐, 내가 뭔가를 발견했어!"

그는 번쩍이는 검을 두 손으로 잡고 힘도 들이지 않고 바위에서 쑥 빼냈다.

"그 검을 가지고 가자."

카이우스를 밀며 소년이 말했다.

"좋아. 잠깐만. 신발 끈이 풀렸어. 신발 끈 묶는 동안 검을 좀 들고 있을래?"

"서둘러! 지금쯤 기사들이 아주 가까이 왔을 거야."

소년이 재촉했다.

카이우스가 바위 뒤에서 몸을 숙인 순간 사방에서 추격자들이 나타났다.

깜짝 놀란 소년이 검을 쳐들었다. 주위가 쥐 죽은 듯 조용해졌다. 갑자기 모두들 돌을 깎아 만든 조각상같이 꼼짝하지 않고 소년을 뚫어지게 바라보았다.

"저것 봐! 저건 진정한 왕의 것이 될 운명인 전설의 검이다! 엑스칼리버야! 저분이시다! 우리의 왕! 왕 앞에 무릎을 꿇자!"

기사들 가운데 한 사람이 외쳤다.

모두들 기사의 말을 따랐다.

"저기요, 잠깐만요! 이 검은 내 것이 아니에요. 바위에서 검을 꺼낸 건 저 아이예요."

소년이 바위 뒤를 가리키며 소리쳤다. 모두들 소년이 가리키는 곳을 바라보았지만 그곳에는 아무도 없었다.

"저, 나는……. 그런데 그 아이는 어디 갔지?"

"전하의 존함은 무엇입니까?"

"그러니까, 음……. 아서입니다."

소년이 카이우스를 찾아 두리번거리면서 온순하게 대답했다.

"아서라고 해요. 하지만 검을 빼낸 건 내가 아닌데……."

"우리의 왕 만세!"

빨간 마법사가 외쳤다.

모두들 벌떡 일어나 환호했다.

"우리의 새 왕 만세! 아서 왕 만세!"

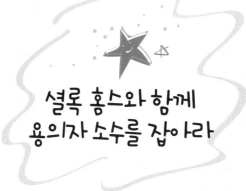

셜록 홈스와 함께 용의자 소수를 잡아라

카이우스는 이번에는 19세기 말 런던에 와 있다는 사실을 알아차렸다. 밤이었다. 도시에는 여기저기 낮은 건물들이 줄지어 늘어서 있었고 가끔 마차들이 좁은 도로를 박차고 지나갔다. 그곳은 카이우스가 알고 있는 영국의 대도시 런던과는 전혀 달랐다. 카이우스는 주변을 두리번거리다가 가까운 술집에서 나오는 웃음소리를 들었다. 불빛이 어두운 실내에서 단골 술꾼들이 맥주를 벌컥벌컥 들이켜는 술집일 것이라고 생각했다.

불빛이 희미한 골목길에는 카이우스와 비슷하게 짧은 보폭으로 무거운 발걸음을 옮기는 사람들이 있었는데 그들의 모습은 마치 좀비들처럼 보였다. 그 사람들은 모자를 쓰고 짙은 색의 긴 외투를 입고 있어서 음흉해 보였다. 그들 중 몇몇은 장갑과 모자, 망토를 걸치고 있어서 더 그렇게 보였다. 그들이 걸으면서 금장식 손잡이가 달린 지팡이로 보도를 톡톡 두드리는 소리가 고요한 밤중에 메아리가 되어 울려 퍼졌다. 그들은 모두 고개를 푹 숙이고 걷고 있었다.

여자들은 또각또각 신발 소리를 내며 급하게 걷고 있었다. 단순한 모양의 긴 드레스를 입었는데 드레스 자락이 더러운 길거리에 질질 끌리고 있었다. 그들은 차갑고 날카로운 바람이 부는 무서운 거리를 걸으면서 얼른 자기들을 보호해 줄 집에 들어가기 위해 부지런히 걷고 있었다. 밤은 미스터리로 가득한 두터운 안개로 뒤덮여 있었다.

카이우스는 갑자기 낯선 거리에 홀로 남았다. 그곳에는 카이우스가 아는 사람이 아무도 없었다.

이제 어떻게 해야 할까? 어리둥절한 카이우스는 자신의 어깨에 닿는 차가운 손을 느꼈다. 깜짝 놀라 휙 돌아서자 큰 키에 비쩍 마른 남자가 서 있었다. 그 남자는 회색 체크무늬 양복을 입고 있었으며 손에는 이상한 모양의 모자와 담뱃대를 들고 있었다. 계속 카이우스의 얼굴 쪽으로 날아드는 담배 연기에서는 계피 냄새가 났다.

카이우스가 말하기도 전에 그 남자는 카이우스의 입을 막고 속삭였다.

"목숨이 아깝거든 나를 따라오너라."

놀라서 달아날 생각을 먼저 했지만, 남자의 눈빛이 카이우스를 멈추게 했다. 잠깐 동안 당황하다가 카이우스는 직감적으로 그 낯선 남자를 믿고 따라야겠다는 판단을 내렸다.

복잡한 거리에 이르러 카이우스가 고개를 들어 보니 거리의 이정표에 베이커라는 글자가 쓰여 있었다. 두 사람은 어느새 어떤 건물 앞에 도착했다.

"누군가가 우리를 감시하고 있다. 그자들이 네가 온 것을 알고 있는 모양이야."

카이우스는 거리를 살펴보았다. 고양이 한 마리가 쓰레기통에서 튀어나와 벽으로 기어오르다가 사냥꾼 같은 눈을 빛내며 조심스럽게 다가왔다. 고양이 외에는 아무것도 보이지 않았다.

"지금 무슨 일이 벌어지고 있는 거죠?"

카이우스가 물었다.

"들어오너라."

남자가 차갑게 말했다.

건물 현관 안쪽에는 커다란 홀과 계단이 있었다. 낯선 남자는 카이우스에게 계단을 따라 올라오라고 정중하게 제스처를 취했다. 건물은 3층인 것처럼 보였고 남자는 소년을 꼭대기 층까지 데리고 가려는 게 분명했다. 문 앞에 도착한 남자는 어떤 액자 뒤에서 조심스럽게 열쇠를 꺼내 문을 열었다.

남자는 작은 탁자로 다가가 성냥을 그어 기름등잔에 불을 밝혔다. 카이우스는 그제야 그 방이 잘 손질된 나무 가구들이 가득 들어차 있는 거실이라는 것을 알아차렸다. 먼지 앉은 서류, 종이, 확대경, 금으로 된 회중시계, 여러 가지 형태의 스탬프들이 들어 있는 상자가 책상 위에 어지럽게 흩어져 있었다. 탁자 근처에 있는 흔들의자에는 커다란 바이올린 모양 가방이 놓여 있었다.

"여기라면 안전할 거다. 이 정도 빛으로는 그들이 우리를 알아보지 못할 거야."

"그들이란 누구죠? 그리고 아저씨는 누구죠?"

카이우스는 이 모든 상황이 무슨 일인지 궁금했다.

남자는 부엌 쪽에 붙은 찬장으로 가서 뭔가를 한 잔 따라 마시더니, 손을 들어 보이며 소년에게도 마시겠느냐고 권했다. 카이우스는 아직도 조금 어지러웠기 때문에 호의를 거절했다.

"사양할 것 없다! 이건 세상에서 제일 좋은 스카치위스키야."

남자는 소년을 바라보며 꿀꺽 소리가 나도록 한 모금을 들이켰다. 남자는 곧 창문으로 가서 밖을 내다보고 동정을 살폈다. 그는 위스키를 한 모금 더 마시고 나서 이야기를 계속했다.

"이제 시작해도 될 것 같다."

극적인 효과를 기대하듯 그가 잠깐 말을 멈추었다.

"과학자인 내 친구가 네가 도착할 거라고 알려 주었다. 그는 너를 적절한 시기에 이곳으로 오게 하려고 여러 번 노력한 끝에 성공했단다."

"적절한 시기라니요? 여긴 어디고 난 어떻게 여기에 오게 되었죠?"

"진정하려무나. 곧 알게 될 테니까."

남자는 미소를 지으며 또 한 번 술을 들이켠 다음 소년에게로 돌아섰다.

"그 친구는 타임머신을 만들고 시간을 관찰하다가 네가 사는 시대를 발견했어. 너의 시대는 파멸할 운명에 처해 있었는데, 그건 전쟁 때문이 아니라 사람들이 더 이상 자기들이 지닌 힘을 어떻게 사용해야 할지를 알지 못하기 때문이란다."

그는 흔들의자에 앉아 이야기를 계속했다.

"우리 시대에는 너의 시대만큼 파괴적인 무기를 가지고 있지는 않아. 하지만 애야, 너는 여기서 나와 함께 너의 시대에서는 사라지고 있는 힘을 발견할 거다. 그리고 그 힘은 인간의 가장 큰 적으로부터 너를 지켜줄 거야."

"힘이라고요? 누구에게 대항하는 힘이죠?"

"무지에 대항하는 힘이다."

"무지라니, 그게 무슨 뜻이에요? 무슨 말인지 전혀 모르겠어요."

"모르는 게 당연해. 너는 해로운 환경에 오랫동안 노출되어 있었지만 타고난 저항력 덕분에 네 호기심은 아직도 오염되지 않은 상태야. 무지란 우리가 지식을 멀리할 때, 우리가 생각에 몰두하는 일에 게으름을 피울 때, 또는 우리가 더 이상 호기심을 품지 않게 될 때 우리를 공격하는 눈에 보이지 않는 적이란다. 내 생각에 무지는 전염병처럼 번지는 것이다. 너의 시대 사람들은 지나치게 말을 많이 하지만 그 말이 깊고 반성적인 생각과 연결되어 있지는 않더구나.”

“그런가요? 그러면 아저씨가 말하는 힘이란 뭐죠?”

“난 추리의 힘을 말했던 거다.”

“추리라고요? 그게 무슨 상관이 있죠?”

“추리는 단서를 분석할 수 있고 하나의 사실을 다른 사실에 연결할 수 있는 힘이다. 이게 우리가 주변에서 무슨 일이 벌어지고 있는가를 이해하는 방법이야. 혼자 힘으로 어떤 문제든지 해결하는 방법을 배우는 것이지. 아까 말한 과학자 친구가 너를 가르쳐 달라고 하더군. 미스터리를 푸는 것이 내 삶이고 내 직업이니까. 우린 나와 같은 재능을 가진 사람을 찾고 있었다. 이 위대한 힘을 사용할 수 있고 그 힘을 통해서 비극적인 미래를 막을 수 있는 사람을 말이야.”

“그렇군요. 그런데 왜 하필 나죠?”

“그 이유는 간단해! 도움이 필요한 유일한 동물은 인간이라는 그 수수께끼를 맞힌 사람은 너뿐이야. 넌 아직 모르겠지만 심심해하고 흥미를 못 느끼는 너의 태도에는 너와 너의 세대들 전부에게 더 나은 삶을 가져다줄 에너지가 잠재되어 있단다. 네가 할 일이란 그 에너지를 더 퍼뜨리기 위해 운명을 받아들이는 것뿐이다.”

남자는 벌떡 일어서서 카이우스에게 다가와 손을 내밀었다.

"추리는 탐정 일과도 통한단다. 나는 셜록 홈스라고 한다."

카이우스는 그 말을 듣고 너무 놀라서 겨우 더듬거렸다.

"저는…… 카이우스 집이라고 해요."

카이우스는 떨리는 목소리로 말했다.

"뭐라고?"

"전 카이우스 집이라고요!"

"그래, 카이우스! 그럼 이제 시작해 볼까?"

홈스는 책상으로 가서 금방이라도 옆으로 쓰러질 듯 높이 쌓인 종이 더미에서 조심스럽게 서류철을 하나 끄집어냈다.

"이 서류들은 조심스럽게 다루어야 해. 서류에 쌓인 먼지는 내가 얼마나 오랫동안 믿기지 않는 사건들을 다루어 왔는지를 보여 주는 거란다."

그는 카이우스에게 서류를 건네주었다.

"자, 받아라. 이 서류에는 지금 내가 담당하고 있는 사건에 관해 기록이 다 들어 있어. 그 일 때문에 네가 지금 여기에 와 있는 것이다. 너는 추리의 힘을 배워서 새로운 지식을 너의 시대로 가져갈 수 있어. 뿐만 아니라 여기 있는 동안 내가 악당을 붙잡는 걸 도와주어야 해. 이 사실은 그자들도 이미 알고 있을 거다."

그는 껄껄 웃으면서 카이우스가 서류를 열어 보기를 기다렸다.

"잠깐만요. 누굴 잡는다는 거죠?"

"때가 되면 알게 될 거다. 네가 첫 번째로 할 일은 나와 같이 거리에 나가 새로운 용의자들을 찾는 동안 그 서류를 읽는 거야."

카이우스는 서류를 펼쳐 첫 페이지를 읽기 시작했다.

∷ 소수의 사건 ∷

홈스의 기록을 보니 그 사건은 스스로를 소수라고 부르는 도둑들에 관한 것이었으며 각 도둑은 숫자로 구별되고 있었다.

"아저씬 비밀 첩보원 역할을 해 본 적이 있나요?"

카이우스가 물었다.

"아니. 하지만 내가 존경하는 경찰관 친구가 언젠가 내게 그런 제안을 한 적이 있다. 안타깝게도 아무 숫자나 소수가 될 수 없다는 걸 우리가 미처 인식하지 못한 상태에서 그 친구는 살해되고 말았지. 그 도둑 일 당에게서 선택받은 숫자들은 특수한 성격을 지니고 있어."

홈스는 계속해서 자신의 발견을 설명해 나갔다.

"그 경찰 친구가 불행한 죽음을 당하기 전에 내게 보내 준 범죄자들의 사진들을 보렴. 이 사진들은 우리가 그 범죄자들 몇 명을 붙잡는 데 도움이 되었다. 여기를 봐라. 2, 3, 5, 7, 11, 13 그리고 17. 잘 보면 이 숫자들에는 뭔가 공통점이 있다는 걸 알게 될 거야."

"그 숫자들은 1과 자기 자신으로만 나누어지는 수들이군요."

카이우스가 추리해 냈다.

"맞아! 희망이 있구나, 카이우스! 혹시 이 가운데서 2만 짝수인 것도 알아챘니?"

"아, 그러네요. 이 기록에 따르면 아저씨의 경찰 친구가 몇 명만 붙잡았던 건 도둑들이 수없이 많아 보이기 때문이군요."

카이우스가 더 자세히 기록을 살펴보며 물었다.

"예를 들어, 173이 소수인 걸 우린 어떻게 알 수 있죠?"

"난 그 방법을 알아냈단다. 용의자가 되는 수를 그 수보다 작은 소수로 나누는데, 몫이 나누는수보다 작아질 때까지 계속 나누는 거야. 그러다가 몫이 나누는수보다 작은 수가 나왔을 때, 나머지가 0이 아니라면 너는 유죄가 되는 수를 찾아낸 거야. 그것이 소수야!"

세 용의자들 : 173 401 493

$$
\begin{array}{r}
24 \cdots 5 \\
7\overline{)173} \\
\underline{14} \\
33 \\
\underline{28} \\
5
\end{array}
\qquad
\begin{array}{r}
15 \cdots 8 \\
11\overline{)173} \\
\underline{11} \\
63 \\
\underline{55} \\
8
\end{array}
\qquad
\begin{array}{r}
13 \cdots 4 \\
13\overline{)173} \\
\underline{13} \\
43 \\
\underline{39} \\
4
\end{array}
$$

몫이 나누는수와 같다.

소수다! 범인이야!

$$
\begin{array}{r}
57 \cdots 2 \\
7\overline{)401} \\
35 \\
\overline{51} \\
49 \\
\overline{2}
\end{array}
\qquad
\begin{array}{r}
36 \cdots 5 \\
11\overline{)401} \\
33 \\
\overline{71} \\
66 \\
\overline{5}
\end{array}
\qquad
\begin{array}{r}
30 \cdots 11 \\
13\overline{)401} \\
39 \\
\overline{11}
\end{array}
$$

$$
\begin{array}{r}
23 \cdots 10 \\
17\overline{)401} \\
34 \\
\overline{61} \\
51 \\
\overline{10}
\end{array}
\qquad
\begin{array}{r}
21 \cdots 2 \\
19\overline{)401} \\
38 \\
\overline{21} \\
19 \\
\overline{2}
\end{array}
\qquad
\begin{array}{r}
\mathbf{17} \cdots 10 \\
\mathbf{23}\overline{)401} \\
23 \\
\overline{171} \\
161 \\
\overline{10}
\end{array}
$$

몫이 나누는 수보다 작다.

소수다! 범인이야!

"자, 이 방법을 써서 493에도 적용해 보자."

"이거 참! 생각을 많이 해야 하는 문제군요!"

카이우스가 불평했다.

"그런데 왜 소수들을 알아야 하는 거죠? 알아서 뭐 하려고요?"

"실제로 소수들은 좀도둑일 뿐이지만 큰 도둑들을 잡는 다리를 놓아 주기도 한단다. 그들은 약수들의 집합이라고 불리는 단체를 이루고 있어. 나는 한동안 그들을 추적하고 있었는데 소수들을 사용해 더 빨리 약수들을 붙잡을 계획이다."

홈스는 카이우스가 고개를 끄덕일 때까지 기다렸다가 설명을 계속했다.

"예를 들어 4, 10, 24와 같은 수들에서 소수를 추출해 보자."

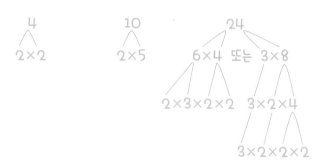

"이 숫자들은 우리가 범죄자들을 잡는 데 도움이 안 될 거야."

홈스가 결론을 내렸다.

"그럼 1은 어때요?"

그림을 보며 카이우스가 물었다.

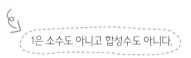

1은 소수도 아니고 합성수도 아니다.

"그건 우리 편 정보 제공자야. 틀림없이 실수로 그의 사진이 다른 사진들에 섞여 들어갔을 거다."

카이우스는 숫자 1의 얼굴이 좀 이상하다고 생각했다.

"자, 495를 보자. 소수들의 곱의 형태로 표현해 보자."

$$3 \overline{)495}$$

$$3 \overline{)165}$$

$$5 \overline{)55}$$

$$11 \overline{)11}$$

$$1$$

그러므로 $495 = 3 \times 3 \times 5 \times 11$ 또는 $3^2 \times 5 \times 11$

탐정은 신이 났다.

"우리가 조직범죄에 관련된 자들을 모두 잡아들이기 위해서 어떤 조직망이나 함정을 찾아낼 수 있나 보자. 예를 들어 30의 약수들을 붙잡으려면 우린 먼저 30을 인수분해하거나 변형시켜야 해."

$$2 \overline{)30}$$

$$3 \overline{)15}$$

$$5 \overline{)5}$$

$$1$$

그러다 문득 홈스는 카이우스가 몹시 지쳤음을 알아챘다. 모든 사람들이 자신처럼 사건에 집중하면 하루에 세 시간만 자고도 버틸 수 있는 것은 아니라는 사실을 깨달은 것이다. 그는 카이우스의 축 늘어진 어깨에 손을 얹었다.

"일단 이건 다 나중으로 미루자. 시간이 꽤 늦었다. 우리 집으로 가자. 기운을 좀 차린 다음에 함정에 대한 세부 계획을 짜는 일을 도와주렴."

홈스가 사는 건물에 도착하자 카이우스의 배에서 꼬르륵 소리가 났다.

"어디 가서 뭐 좀 먹을 수 있을까요?"

카이우스가 물었다.

"옆집이 바로 식당이니까 거기로 가라. 웨이터에게 내 이름을 말하고 실컷 먹으렴."

카이우스가 식당으로 걸어가는데 홈스가 소리쳤다.

"문을 두드릴 필요는 없어! 열려 있을 거야!"

홈스가 건물 안으로 들어가니 자신의 정보 제공자, 숫자 1이 현관에서 있었다. 숫자 1은 깜짝 놀라서 안절부절못했다.

"안녕하신가, 숫자 1. 무슨 일로 찾아왔지?"

"당신이 소수 사건을 다시 조사하고 있고 사건을 거의 다 풀었다고 들었어요. 도움이 될지도 모르는 정보를 알려드리려고요."

"위층으로 올라가세."

홈스는 정보 제공자를 아파트로 데리고 갔다. 그는 숫자 1을 문 옆에 세워둔 채 거실에 들어가서 등을 켠 후 곧장 책상 쪽으로 갔다. 탐정이 서류를 들여다보고 있을 때 그의 앞쪽 벽으로 어떤 그림자가 서서히 드리워졌다. 등불이 밝아지면서 그림자의 모양이 잡혀 갔다. 곧 그 그림자가 어떤 것의 윤곽임이 분명해졌다. 그림자의 팔이 천천히 올라가면서 끔찍한 칼 그림자가 벽에 나타났다.

"조심해요, 홈스 아저씨! 뒤를 조심해요!"

숫자 1이 뒤에서 홈스를 덮치려는 순간 카이우스가 소리쳤다.

홈스는 날쌔게 공격을 피했다. 팔을 약간 긁힌 정도의 상처를 입었을 뿐이었다. 기회를 놓친 숫자 1이 두 번째 공격을 시도했다.

카이우스가 그에게 몸을 날렸다. 둘이 바닥에 나뒹구는 사이에 셜록이 숫자 1을 한 방 먹이고 그의 칼을 방구석으로 던졌다. 홈스는 배신자를 붙잡았다.

"그래, 그래. 내가 졌다."

"왜 우릴 죽이려고 했죠?"

카이우스가 허둥지둥 일어나며 소리쳤다.

"왜냐하면 그는 단순한 정보 제공자가 아니기 때문이지, 안 그런가 숫자 1? 약수들의 집합을 이끄는 우두머리로서 정말 완벽한 위장이야!"

홈스가 말했다.

카이우스는 잠시 생각을 하더니 숫자 1에게 다가갔다.

"그렇군요! 경찰 아저씨가 보낸 사진들 말이에요. 약수들이 경찰 아저씨를 살해한 건 그가 당신의 진짜 정체를 밝혀냈기 때문이군요."

"그들이 한 짓이 아니야! 내가 그 경찰을 죽였고 홈스까지 없애려고 했다. 난 조직범죄를 저지르고 있어. 내가 그들의 두목이야. 당신은 내가 약수 집합의 일원이라는 사실에 너무 가까이 다가갔어."

"이자를 데리고 가서 다른 용의자들과 대질 심문을 해 보는 게 좋겠다."

홈스가 제안했다.

카이우스와 홈스는 그를 단단히 묶어서 경찰서로 데리고 갔다.

그들은 숫자 1까지 사용하여 30의 모든 소인수들을 보여 주었다.

```
2)30
3)15
5)5
   1
```

30의 소인수 : 1, 2, 3, 5

소인수들은 압박감을 견디기 어려웠다. 카이우스는 소인수들에게 책략을 쓰기 시작했다. 인수분해로 얻은 소인수에 다른 소인수들을 곱했다(약수의 곱셈이 다음 그림에 선으로 표시되어 있다). 이 새로운 곱셈의 결과로 카이우스와 홈스는 모든 약수들을 붙잡았다!

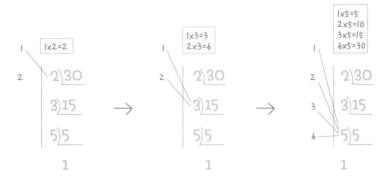

30의 약수 : 1, 2, 3, 5, 6, 10, 15, 30

"해냈어!"

홈스가 무척 만족스러운 표정으로 말했다.

"이제 우리가 할 일은 그들을 어딘가에 가두는 일인데……"

"감옥에요?"

흥분한 카이우스가 끼어들었다.

"아니다. 이들이 얼마나 위험한 조직인지를 고려한다면 이들을 한 줄로 나란히 세워서 중괄호로 묶는 게 제일 낫겠다."

"그럼 숫자들 {1, 2, 3, 5, 6, 10, 15, 30}은 30의 약수 집합이로군요."

"그렇지! 네가 소수들과 숫자 1의 도움으로 얻은 이 시스템을 이용한다면 네가 어떤 약수와 마주치더라도 다 물리칠 수 있을 거야. 넌 약수들이 누군지 알게 될 거야. 자기들이 저지른 범죄의 흔적을 남기지 않는 자들, 나머지를 남기지 않는 자들을 말이다."

홈스는 잠깐 멈추었다가 계속 말을 이었다.

"만약 어떤 수가 약수를 몇 개 가지고 있는지 알고 싶다면, 이 규칙을 따르기만 하면 된다."

어떤 수를 소인수분해한 다음 각 인수의 지수에 1씩 더하고 그 수들을 곱한다.

예 ▶

$$2 \,) \, 120$$
$$2 \,) \, 60$$
$$2 \,) \, 30$$
$$3 \,) \, 15$$
$$5 \,) \, 5$$
$$1$$

결과 : $2^3 \times 3 \times 5$

지수들은 3, 1, 1이다.

각각의 지수에 1을 더해서 곱한다.

$(3+1) \times (1+1) \times (1+1) = 4 \times 2 \times 2 = 16$

이렇게 해서 얻은 값은 약수의 개수, 즉 120의 약수가 몇 개인지를 나타낸다. 따라서 120의 약수는 16개이다.

이를 증명해 보자. 각 지수에 1을 더해 주는 이유는 인수들의 지수가 0인 경우도 고려해야 하기 때문이다. 495를 통해 이 규칙을 확인해 보자!

```
       1
       3        3)495
       9 3      3)165
     45 15 5    5)55
 495 165 55 99 33 11   11)11
                   1
```

495의 약수 : 1, 3, 5, 9, 11, 15, 33, 45, 55, 99, 165, 495

495의 약수는 {1, 3, 5, 9, 11, 15, 33, 45, 55, 99, 165, 495}
이다.

495는 $3 \times 3 \times 5 \times 11 = 3^2 \times 5 \times 11$이므로 지수는 2, 1, 1이다.

각 지수에 1을 더해서 곱해 주면

$(2+1) \times (1+1) \times (1+1) = 3 \times 2 \times 2 = 12$이다.

"사건이 해결되었어요."

카이우스가 말했다.

"거의 다 됐다!"

눈을 이상하게 빛내며 홈스가 외쳤다.

"그런데 정보 제공자가 나를 죽이려 했을 때 어떻게 네가 그렇게 빨리 나타났는지 설명을 해야 한다."

"아저씨 정말 특별한 분이에요. 그렇지만……."

"그렇지만 뭐?"

조금 화난 듯이 홈스가 말했다.

"아저씨가 나를 식당에 보냈을 때가 너무 늦은 시간이라 문을 닫았다는 걸 잊었잖아요. 이 근처에서 내가 샌드위치라도 먹을 수 있는 데가 어디죠?"

홈스는 어색하게 침묵을 지켰다.

카이우스는 그곳에서 일어나는 일들에 매우 흥미를 느꼈다. 카이우스가 홈스의 집에서 급히 만든 샌드위치를 먹는 동안 홈스는 그를 가만히 지켜보았다.

"이제는 수사를 어떻게 진행해야 하는지를 이해했으니 네가 정말로 탐정의 그릇이 되는지 보자꾸나."

"좋아요!"

홈스의 등을 찰싹 때리며 카이우스는 기꺼이 응했다.

:: 도전 ::

홈스는 네 개의 성냥개비를 가져다가 다음과 같이 탁자 위에 늘어놓으며 도전을 시작했다.

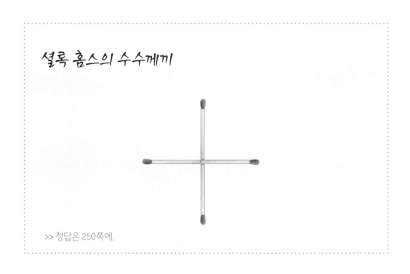

셜록 홈스의 수수께끼

>> 정답은 250쪽에.

"성냥개비 하나만 움직여서 정사각형을 만들어 봐라."

카이우스는 성냥개비들을 들여다보며 머릿속으로 이리저리 그림을 그려 보았다. 시간이 꽤 지나도 카이우스는 답을 찾지 못했다.

"포기하는 거냐? 답을 알려 줄까?"

홈스가 의기양양하게 물었다.

"아니에요. 반드시 풀어 보겠어요."

"힌트를 줄까?"

"좋아요, 말해 주세요."

성냥개비들에서 눈을 떼지 않은 채 카이우스가 말했다.

"상상력을 이용해라."

"겨우 그거예요?"

"아니야. 겨우가 아니라 그게 전부야."

카이우스는 성냥개비들 하나하나에 집착하지 않고 그 형태를 유심히 들여다보았다. 아이디어가 머릿속을 이리저리 떠돌고 있었지만 단순히 성냥개비 하나만 움직여서는 정사각형을 만들 수 없다는 결론에 항상 부딪혔다. 홈스는 창가에서 음료수를 마시고 있었다.

카이우스는 머릿속에서 이미지들을 지워 버리고 탁자 한복판에 앉은 파리를 바라보았다. 파리는 작은 원을 그리며 조그만 설탕 조각 주변에서 왔다 갔다 하고 있었다. 파리는 단맛을 음미하더니 위험을 감지했는지 휙 날아가 버렸다. 카이우스는 파리가 어디 있는지를 놓치고 난 후 다시 문제에 집중하여 성냥개비의 형태를 면밀히 살폈다. 순간적으로 불이 켜진 듯 마음이 환하게 열렸고 카이우스는 성냥개비 하나를 살짝 움직여 작은 정사각형을 만들었다.

"해냈어요!"

홈스는 힐끗 카이우스의 솜씨를 들여다보고는 음료수를 마시면서 다시 창가로 돌아섰다.

"아저씨, 아무 말씀도 안 하실 건가요?"

카이우스가 팔짱을 끼며 물었다.

"내가 무슨 말을 하겠니? 넌 내가 이미 알고 있었던 것을 증명했을 뿐인데. 넌 끈질긴 아이야. 이제 넌 가끔은 문제를 잊은 상태에서 답을 찾아야만 한다는 점을 이해하게 된 거야. 한 가지 묻겠는데 네가 정말 관찰 능력이 뛰어나다고 생각하니?"

"다른 문제를 내 주시겠어요?"

"그래, 좋다."

홈스는 종이 한 장을 꺼내 뭐라고 쓰고는 카이우스에게 건네주었다.

"이걸 보고 다음 차례가 되는 글자를 말해 봐라."

카이우스가 종이를 보며 읽었다. T T F S E T. 카이우스는 이리저리 글자들을 조합해 보고 글자들의 위치까지 따져 보았다.

"이걸 푸는 건 불가능해요. 여기 무슨 속임수가 있는 거 맞죠?"

잠시 후 카이우스가 투덜거렸다.

"속임수?"

카이우스는 종이를 다시 들여다보았다.

"이것저것 다 생각해 보았지만 아무것도 들어맞지 않아요."

"내가 해 볼까?"

홈스는 종이를 가져다가 S를 썼다.

"왜 S죠?"

"T T F S E T는 모두 이니셜이야."

"이니셜이요?"

"그래. 소수들을 영어로 읽을 때의 첫 문자들이지. 2(Two), 3(Three), 5(Five), 7(Seven), 11(Eleven), 13(Thirteen). 그럼 그다음 글자는?"

"17(Seventeen)의 S죠."

카이우스가 말했다.

"하지만 이건 불공평해요."

"아니야. 공평하고말고. 논리적이기만 하면 뭐든지 공평한 거란다. 넌 이런저런 조합과 숫자의 순서만 따져 보았을 뿐 한 가지 사실을 잊고 있었던 거지. 논리는 어디에서든 발견될 수 있다는 사실 말이야."

"그렇지만, 아저씨!"

화가 난 카이우스가 외쳤다.

"도대체 누가 그 문제를 맞히겠어요?"

"난 맞혔다. 솔직히 말하자면 나의 창의적 영감의 원천을 사용하느라 답을 얻는 데 시간이 좀 걸렸지."

"그게 뭔데요?"

"바이올린이야! 난 바이올린을 켠다."

"난 아직도 공평하지 못하다고 생각해요. 아저씨가 답을 보여 주고 나니까 문제가 너무 쉬워 보이긴 하지만요."

"문제를 풀고 난 다음엔 답이 항상 쉬워 보이는 법이다."

홈스는 골이 난 카이우스에게 다가가 어깨에 손을 얹었다.

"카이우스, 가능하면 사건을 가장 단순한 방법으로 풀되 아무리 단순한 사건이라도 절대로 그냥 지나치지는 마라. 훌륭한 탐정은 직관력이 뛰어나고 관찰을 잘하며 항상 알기 위해 노력한다. 그리고 무엇보다도 자신을 향상시키기 위해 애쓰는 법이다."

홈스는 컵을 내려놓고 카이우스 쪽으로 몸을 숙였다.

"편견에 얽매이지 마라. 자신을 자유롭게 풀어 줘!"

홈스는 오랜 친구를 방문할 때 카이우스를 데려가기로 했다. 그는 카이우스에게 꼭 같이 가야 한다고 말했다.

마차를 타고 가는 동안 홈스가 불쑥 카이우스에게 말했다.

"카이우스, 풀어야 할 문제가 많겠지만 최근에 발견한 너의 힘과 주변을 차분하게 관찰하는 인내력을 발휘한다면 네가 해결하지 못할 문제가 없을 거다."

홈스는 걱정이 되는지 얼굴을 찌푸렸다.

"그 타임머신은 아직도 실험 단계에 있다. 죽느냐 사느냐 하는 문제가 달려 있었기 때문에 위험을 무릅쓰더라도 우린 네가 때맞춰 이 시대로 와야 한다고 생각했다."

"난 언제 집에 돌아갈 수 있나요?"

"타임머신은 좀 더 손을 봐야 한단다. 넌 너의 시대로 돌아가겠지만 그게 언제가 될지는 나도 모르겠어. 어쩌면 시간의 흐름 속으로 빨려 들어가 네가 언제 어디로 보내질지 알 수 없단다. 아니면 가상의 차원을 통과할지도 모르는데 그런 경우에는 네가 다른 사람으로 모습이 바뀔 수도 있지. 가끔 너는 힘이 하나도 없다고 느낄 수도 있고 정신을 잃을 수도 있지만 그건 일시적인 현상일 거야."

마차가 집 앞에서 멈추었다.

"자, 얘야. 그 과학자 친구를 데려온다고 약속했던 내 파트너를 소개……."

갑자기 홈스가 입을 다물었다.

카이우스가 파란색 구름에 휩싸여 사라져 버린 것이었다.

"왓슨!"

친구의 집 앞에 서 있던 홈스가 급히 문을 열며 소리쳤다.

"아이가 사라져 버렸어!"

"그러게 말이네, 홈스. 이 사건이 우리 예상처럼 빨리 해결될 것 같지는 않군."

우주재활센터의 특효약 GCD와 LCM

빙글빙글. 빙글빙글. 카이우스는 마침내 어딘가에 도착했지만 어지럼증은 그치지 않았다. 웬일인지 몸도 제대로 가눌 수 없었다.

"당신에게 주어진 시간은 다 끝났습니다. 이곳에서 나가려면 장비가 완전히 멈출 때까지 기다리십시오."

카이우스는 혼란스러웠다. 녹음된 메시지를 들으니 우주 비행사들이 훈련할 때나 놀이 공원에서 무중력 상태를 재현할 때 사용하는 모의 비행 장치에 갇혀 있다는 사실을 깨달았다. 몸이 계속 빙글빙글 돌아서 속이 메스꺼웠다. 특히 몸이 거꾸로일 때 메스꺼운 느낌은 더 심해졌다. 이윽고 기계가 작동을 멈췄다.

모의 비행 장치에서 나와 카이우스는 그곳이 어디인지 살폈다. 그곳은 조명이 희미한 작은 방이었다.

어디선가 빛 한 줄기가 새어 나오고 있었으며 그쪽에서 기계적이고 권위적인 목소리가 들려왔다.

"출구로 가십시오. 잊지 말고 부츠를 신으십시오. 반드시 부츠를 신어야 합니다."

카이우스는 너무 지쳐서 무슨 일이 일어나고 있는지 따질 겨를이 없었다. 유일한 바람은 이 춥고 이상한 방을 떠나는 것이었다. 그는 지시따라 매우 가벼운 소재로 만든 부츠를 신고 부츠를 매만져 발목을 편하게 한 후 빛을 향해 걸어갔다. 빛을 지나자 생전 처음 보는 놀라운 광경과 마주쳤다.

눈앞에 색색의 꽃과 작은 동물들이 가득 찬 멋진 정원이 펼쳐져 있었다. 아래로 깊숙이 파고드는 폭포의 물줄기는 긴 강으로 흘렀다. 왼쪽으로는 꼭대기에 눈이 덮인 산이 보였다. 오른쪽에는 황금빛 모래가 빛나는 해변이 달리고 수정같이 맑은 에메랄드 빛 바다에서 돌고래들이 뛰놀고 있었다.

그곳에서 수많은 사람들이 운동을 하고 있었다. 역도를 하거나 수영을 하는 사람도 있었고 걷는 사람, 승마를 하는 사람도 있었다. 자전거나 스키를 즐기는 사람도 있었다.

"어떻게 이런 곳이? 여긴 틀림없는 낙원이야."

카이우스는 생각을 소리 내어 말했다.

젊은이들 한 무리가 카이우스에게 다가왔다. 그들은 모두 운동복 차림이었고 카이우스와 똑같은 부츠를 신고 있었다. 모두들 새로 행복한 세계에 발을 들인 카이우스를 만나고 싶어 하는 것 같았다. 젊은이들의 이야기를 들어 보니 그곳은 우주재활센터였다. 그곳은 사람들이 몸과 마음을 돌보기 위해서 머무는 특별한 장소였다. 주변의 경치에 대해 질문을 던질 때 다른 한 무리의 젊은이들이 끼어들더니 카이우스를 스케이트볼 경기에 초대했다.

스케이트볼은 기본적으로 야구 경기의 규칙을 따르고 있었다. 특이한 점은 베이스 사이를 발로 뛰는 것이 아니라 스케이트보드를 타고 움직인다는 것이었다.

참신한 게임에 잔뜩 흥분한 카이우스는 경기에 참가했다. 카이우스는 스케이트보드 광이었다. 친구들 가운데서도 기량이 매우 뛰어난 스케이트 선수였고, 맑은 날 궂은 날 가리지 않고 매일 몇 시간 동안 연습한 덕분에 아슬아슬한 묘기를 부릴 줄도 알았다. 다음 대회에 출전하고 싶었지만 수학 점수가 낮다는 이유로 부모님께 스케이트보드를 타지 말라는 명령을 받고 근신하던 중이었다.

카이우스는 타자 포지션에 섰고 곧 경기가 시작되었다.

카이우스는 깊은 감명을 받았다. 거대한 경기장에는 측면 통로와 둥글게 휘어진 경사로가 있었고 아주 특이한 e자 모양의 경사로 뒤로는 좁은 터널까지 있었다.

배트도 매우 특이했다. 짧은 손잡이만 있어서 이걸 가지고 어떻게 공을 칠 수 있을지 몹시 궁금했다. 그런데 배트를 꼭 쥐자 깜짝 놀랄 일이 벌어졌다. 손잡이 안에서 한 줄기 빛이 뿜어져 나와 야구 방망이 모양이 되었다. 신기하게도 그 초록색 빛을 만져 보니 단단한 느낌이 들었다. 나무 배트보다 훨씬 더 단단한 것 같았고 다루기도 더 쉬웠다.

"입이 벌어질 지경이군! 대체 이곳은 어디일까? 또 어느 시대일까?"

카이우스는 혼잣말을 했다.

상대방이 공을 던졌다. 깜빡거리는 빨간 공이 카이우스를 향해 날아왔다. 카이우스는 거의 반사적으로 공을 세게 쳤다. 상대 팀의 두 선수가 공을 쫓아 달렸고 공은 경기장을 가로질러 해변 쪽으로 날아갔다.

"얼른 스케이트보드를 타라!"

심판이 소리를 질렀다.

좀 전에 벌어진 놀라운 광경 때문에 아직도 정신을 못 차린 카이우스는 빨리 움직일 수가 없었다.

"힘내라, 카이우스!"

카이우스의 팀 아이들이 입을 모아 응원했다.

그는 자기 옆에 있던 스케이트보드에 바퀴가 없다는 사실을 미처 깨달을 새도 없이 스케이트보드 위에 뛰어올라 세차게 밀고 나갔는데……. 카이우스는 날아오르기 시작했다! 균형을 완전히 잃지 않았던 이유는 스케이트보드가 쇠로 되어 있었고 새로 신은 부츠는 커다란 자석처럼 자기를 띠고 있었기 때문이었다.

카이우스는 신이 났다. 어떻게 이런 놀라운 일이 일어날 수 있단 말인가! 그는 스케이트보드의 속력을 더 높이면서 과격한 움직임을 유도하기 위해 만들어진 장애물들을 피해 멋지게 날아갔다. 그는 머리를 숙이고 좁다란 터널을 통과하여 반대쪽으로 빠져나가면서 눈앞의 장애물을 날렵하게 피했다. 그리고 온몸을 최대한으로 낮춘 상태에서 특이하게 생긴 경사면 아래로 휙 내달았다. 카이우스는 공보다 더 빨리 홈에 도착했고 첫 점수를 올렸다.

경기가 계속되었다.

"화이팅, 카이우스!"

벌써 카이우스의 팬들이 생긴 모양이었다.

"잘한다, 카이우스! 잘한다 잘해, 날쌘돌이 카이우스!"

앞으로 몇 점만 더 따면 되었다. 아직 상대 팀이 이기고 있었다. 이제 날쌘돌이로 불리는 카이우스는 삼진을 당하지 않으려고 노력했다. 힘이 잔뜩 실린 공이 날아오자 카이우스는 속수무책이었다. 엉겁결에 공을 치긴 쳤는데 너무 세게 쳐서 하늘에 구멍을 뚫고 말았다.

"아니 이게 무슨……. 저게 뭐야!"

카이우스가 외쳤다.

공은 구름 한가운데를 뚫고 올라가 커다란 구멍을 만들었고 구멍으로 가늘고 굵은 전선들이 쏟아져 나와 합선을 일으키고 말았다.

어디선가 열 명의 남자들이 나타났다. 그들은 제복을 입고 있었는데 생김새가 한 사람처럼 똑같았다. 꼭 복제 인간들 같았다.

"천장이 너무 높군."

한 남자가 말했다.

"다들 부츠를 벗어야겠어."

다른 남자가 말했다.

곧 모두들 부츠를 벗어던지더니 위로 날아올라 손상된 부분에 도달했다. 좀 전에 카이우스가 작은 방에 있을 때 들었던 바로 그 목소리가 급히 명령을 내렸다.

"관리자 팀이 아닌 분들은 모두 그 자리에 머물러 있어야 합니다. 가상 현실의 방이 다 고쳐지고 나면 여러분은 정신적 육체적 운동 프로그램을 계속해서 진행해도 됩니다."

카이우스는 놀라서 숨이 멎을 지경이었다. 주변 경치는 마치 송신에 문제가 생긴 텔레비전같이 뿌옇게 흐려졌다. 일꾼들은 일제히 똑같은 동작을 취하면서 날아다녔다. 순간 카이우스는 유혹을 뿌리치지 못했다. 그는 부츠를 벗고서 방 주위를 날기 시작했다.

바닥에 있던 직원이 행복한 표정의 카이우스를 쳐다보았다. 그들은 이런 일에 너무나 익숙해져서 공중을 날아다니는 첫 경험이 얼마나 신나는지 그리고 그 자유의 느낌이 얼마나 놀라운지를 잊은 것 같았다.

잠시 후 모두들 부츠를 벗어던지고 카이우스를 뒤따랐다.

카이우스가 공중에서 자유자재로 묘기를 부리며 다른 사람들과 함께 비행을 즐기는데 목소리가 협박조로 경고를 해 왔다.

"이 일은 돌발적으로 벌어졌습니다. 관리자 팀에 소속되지 않은 분들은 즉시 이곳을 떠나야 합니다. 중력이 서서히 작용하기 시작할 것입니다. 15분 내로 B식당 건물에서 우주재활센터의 점심이 제공될 것입니다."

사람들이 곧 방에서 빠져나갔다. 그들이 복도로 나왔을 때 카이우스는 의심스레 주변을 둘러보았다. 양쪽으로 작은 창문들이 있긴 했지만 복도는 인공적인 빛이 밝히고 있었다. 꼭 밤같이 느껴졌지만 목소리가 알려 준 것처럼 그들은 점심을 먹을 시간이었다. 카이우스가 이런 일을 의아해하고 있을 때 밝고 파란 눈의 빨간 머리 소년이 다가왔다.

"안녕, 카이우스. 난 말바야. 너의 상대 팀에서 뛰었는데 기억나? 멋진 경기였어! 하지만 너무 짧았지!"

카이우스는 희미하게 미소 지으며 계속 주변을 살펴보고 있었다. 빨간 머리 소년이 카이우스가 어리둥절해하고 있음을 알아차리고 다시 말을 걸었다.

"너 여기 우주재활센터에 처음으로 온 거구나, 그렇지? 지구에서 멀리 떨어져 보니 어떠니?"

"뭐라고? 내가 어디서 온 거라고? 이 우주재활센터라는 곳은 어디에 있는 거지?"

"그러니까 내가 아는 바로는 우주재활센터란 항상 우주 공간에 있는 거야."

카이우스는 창문으로 달려갔다. 바깥은 칠흑같이 어두웠지만 무수하게 반짝거리는 빛들을 분명히 볼 수 있었다. 카이우스는 왼쪽을 돌아보고 놀라서 입을 딱 벌렸다. 바로 앞에 푸른색의 행성이 있었다. 그는 창문에서 눈을 떼고 새 친구를 바라봤다.

충격에서 벗어나지 못한 카이우스는 목소리를 차분히 가라앉히려고 애쓰며 물었다.

"우린 어디에 있는 거지? 우주재활센터가 뭐니?"

"우주재활센터가 뭐냐고?"

소년이 웃으며 되물었다.

"그게 말이야, 우주재활센터는 스트레스 때문에 고통받는 사람들, 새로운 환경이 필요한 사람들 그리고 비만 문제를 해결하려는 사람들을 위한 재활원 같은 우주정거장이야. 네가 내 말을 알아들을지 모르겠지만."

"와, 굉장하구나!"

"실은 그렇지도 않아. 사실 이곳은 감옥 같은 곳이야. 여기 있는 모든 것은 컴퓨터의 통제를 받아. 난 자유가 그립고 감시를 받지 않아도 되는 곳이 그리워. 환경오염 같은 여러 가지 문제 때문에 여기에 있는 것이

지구에 있는 것보다 낫다고 생각해야 하다니 정말 슬프다. 안 그래?"

카이우스는 할 말을 잃고 어찌할 바를 몰랐다. 말바가 그의 팔을 잡아당겼다.

"식당으로 가자. 여기 관리자들이 오늘은 맛있는 음식을 준다고 했어."

그들은 식당에 들어가서 곧바로 길게 늘어선 줄로 향했다.

"빌어먹을!"

줄 맨 앞에 있던 남자가 불만을 터뜨렸다.

"난 이 문제에 대해서 아무것도 도와줄 수 없습니다. 윗사람들에게 말해 보세요."

안내원이 말했다.

말바는 무슨 일인가 보려고 앞으로 갔다.

"왜 그러세요?"

말바가 물었다.

불평하던 남자가 알록달록한 색깔의 알약들이 가득 담긴 접시를 보여 주었다.

"아니, 이럴 수가!"

말바가 소리쳤다.

안내원과 똑같이 생긴 복제 인간 지배인이 와서 상황을 점검했지만 문제를 해결하려고 하지는 않았다.

"난 이 문제에 대해서 아무것도 도와줄 수 없어요. 윗사람들에게 말해보세요."

그는 더 이상 다른 말은 하지 않았다.

여러 명의 상사들과 이야기를 하다 지친 말바는 결국 자제력을 잃고 폭발했다.

"이제 지긋지긋해요! 오늘은 맛있는 음식을 주겠다고 약속했잖아요!"

말바가 화를 냈다.

말바는 알약을 한 움큼 쥐고 식탁 위로 올라가 사람들의 관심을 모으기 시작했다.

"우리가 몇 주 동안 이 알약을 먹으면 분명히 맛있는 음식을 주겠다고 이 사람들이 약속했어요. 오늘은 씹어 먹을 수 있는 음식을, 음식다운 음식을 주겠다고 했는데 그 음식은 어디 있는 거죠, 여러분? 이 사람들은 우리에게 또 다시 알약을 먹이고 있어요!"

말바는 바닥에 알약을 던졌다.

"이런 일은 중지되어야 해요. 알약을 중지하라!"

모두들 흥분하여 말바에게 동조하는 분위기였다. 알약이 영양 공급원이라는 건 알고 있었지만 극심한 공복감이 들거나 기분이 언짢아지는 부작용도 있었다.

화가 난 여자들 몇몇이 부엌으로 쳐들어가 과자와 간식거리들이 보관되어 있는 조리대 옆방에서 먹을 것을 찾기로 의견을 모았다. 하지만 안타깝게도 그곳엔 컴퓨터에 연결된 감시 카메라가 있었기 때문에 계획은 실패로 돌아갔다. 경보기가 울리고 수면 가스가 투입되자 모두들 깊은 잠에 빠지고 말았다.

몇몇 사람들은 부엌에 들어가 이곳저곳을 뒤지긴 했지만 그들이 찾아낸 건 커다란 만능 조리 기구뿐이었다. 조리 기구에는 계기판에 숫자와 문자를 입력할 때마다 여러 가지 형태의 음식을 배출하는 작은 문이 달려 있었다. 사람들이 조리 기구에 연결된 컴퓨터의 자판을 치고 있을 때 누군가가 다른 사람들을 불러들였고, 그 즉시 사람들이 메뚜기 떼처럼 부엌으로 달려와 눈앞에 보이는 것을 전부 부수기 시작했다. 카이우스는 누군가가 던진 의자에 맞아 의식을 잃었다.

'우주재활센터 전쟁'이 벌어지고 있는 그곳에 담당 의사 마리우스 박사가 나타났다. 사람들은 성난 황소처럼 소리 지르며 서로 깔아뭉개고 뒤엉켜 바닥에 나뒹굴고 있었다.

"이제 그만해요! 멈춰요! 다이어트 팀!"

그가 신호를 보내자 초록 조끼를 입은 여러 명의 젊은 남녀들이 반란자들을 둘러쌌다. 다이어트 팀 간호사 한 명이 의사에게 물었다.

"이제 어쩌죠, 박사님? 이 사람들을 어떻게 하죠?"

"일단 사람들을 남자와 여자로 분리시키시오. 이들을 식욕 제거 요법의 방으로 데리고 가서 이 프로그램이 끝날 때까지 배고픔을 느끼지 못하게 합시다. 한 방에 같은 인원이 들어가게 그룹을 나누되 들어가는 사람의 수를 최대한 많게 하시오."

"왜 최대한 많은 수가 들어간 그룹으로 나누어야 하죠?"

좀 전 간호사와 똑같이 생긴 다른 간호사가 물었다.

"제가 알기로는 식욕 제거 요법은 개인에게 사용되는 건데요."

"그 말도 일리가 있지만 위급한 환자들을 다루어야 할 경우 그 요법을 그룹으로 적용하는 것이 더 효과적이오."

"그런데 왜 사람들을 분리시키는 거죠?"

다른 여자 간호사가 물었다.

"식욕을 완전히 잊게 만드는 요법은 대개 여자들에게 더 강하게 시행해야 하기 때문이오. 그게 최선의 방법이오."

"다친 사람들은 어떻게 할까요, 박사님?"

카를라라는 이름의 간호사가 물었는데 그녀만은 다른 여자 간호사들과 똑같이 생기지 않았다.

"부상자들은 회복실로 옮기고 가볍게 다친 사람들이나 의식을 잃은 사람들은 꿈의 방으로 옮기시오. 당분간은 이 사람들이 우리를 방해하는 일은 없겠지."

반란자들이 협조를 거부했지만 마리우스 박사는 꿈쩍하지 않았다. 간호사들은 매우 순종적이었으며 곧 모든 것이 지시대로 이루어졌다.

말바는 얼굴을 다쳤기 때문에 부상자로 분류되어 회복실로 옮겨졌다. 카이우스는 의식을 되찾고 식욕 제거 요법의 방으로 향하는 그룹에 들어갔다. 부상자들을 옮기고 난 뒤 박사는 사람들이 가능한 많이 들어가도록 그룹을 만드는 일을 시작했다.

"남자가 56명이고 여자가 84명이군. 몇 개의 그룹으로 나눌 수 있는지 각 그룹에는 몇 명씩 들어갈지 따져 봅시다."

그는 그 값을 구하는 방법을 설명해 나갔다.

"서로 다른 두 수를 각각 여러 개의 숫자들로 나누는 이런 문제에서는 이들 숫자 사이에서 최대공약수(GCD)를 찾아내야 해요. 56과 84의 약수들의 집합을 비교하면서 시작하는 거요. 여자들과 남자들의 숫자에 인수분해를 적용해 봅시다."

간호사 카를라가 그 문제에 인수분해 주사를 놓았다.

```
            1                              1
        2   | 2)56                    2   | 2)84
      4 2   | 2)28                  4 2   | 2)42
    8 4 2   | 2)14               12 6 3   | 3)21
 56 28 14 7 | 7)7          84 42 21 28 14 7 | 7)7
            |  1                           |  1
```

56의 약수 : 1, 2, 4, 7, 8, 14, 28, 56
84의 약수 : 1, 2, 3, 4, 6, 7, 12, 14, 21, 28, 42, 84

"약수들의 집합이에요, 박사님."

카를라가 말했다.

56의 약수 = {1, 2, 4, 7, 8, 14, 28, 56}

84의 약수 = {1, 2, 3, 4, 6, 7, 12, 14, 21, 28, 42, 84}

박사는 이런 문제에 대한 기본 지식이 없는 사람들이 알아들을 수 있도록 상세히 설명했다.

"1은 모든 숫자의 약수라오. 우리가 얻은 자료에 따르면 56과 84의 최대공약수는 28이라는 결론이 나왔소. 다른 말로 하면 우린 각 그룹에 28명씩을 배치하는 거요. 이제 우리가 해야 할 일은 56을 28로 나누어 남자들 그룹이 몇 개인지, 또 84를 28로 나누어 여자들 그룹이 몇 개인지를 알아내는 거요."

"여기 박사님이 알고 싶어 하시는 답이 나왔어요. 남자들 2그룹과 여자들 3그룹, 도합 5그룹이 되겠네요."

"좋아요, 카를라! 이제 좀 더 신속한 방법에 대해 설명하겠소. 충격 요법인 GCD 요법을 써 봅시다."

∷ 최대공약수(GCD) ∷

"56과 84의 공약수가 뭐죠?"
박사가 물었다.

"완전한 인수분해 주사를 사용하면 우린 다음과 같은 것을 얻게 되죠."

$$56 = 2 \times 2 \times 2 \times 7 = 2^3 \times 7$$
$$84 = 2 \times 2 \times 3 \times 7 = 2^2 \times 3 \times 7$$

"두 수의 공약수를 확인해 보시오."

"$2 \times 2 \times 7$ 또는 $2^2 \times 7$이죠, 박사님."

"맞아요. 이 소수들을 적용해 보시오."

"그 수들을 곱하면, $2 \times 2 \times 7 = 28$이 되겠죠. 아까 발견한 그 값과 같아요! 이 방법은 아주 실용적이군요, 박사님."

"이제 부작용이 없는 최대공약수 요법의 두 가지 의학적 특성을 살펴봅시다."

1. 예를 들어 12와 24 그리고 48과 같은 인수들에서 12는 24와 48의 약수라오. 우리가 새로운 방법을 적용하면, 인수 12는 세 숫자들의 공약수이며 최대공약수가 된다는 말이오.

2. 최대공약수를 찾기 위해서는 두 숫자들의 소수들 중에서 공통된 소수를 곱하는 것이오. 이때 잊지 말아야 하는 것은 공통된 소수에서 지수가 다른 경우에는 낮은 지수의 수를 공통된 소수로 사용

하는 것이오. 만약 공통된 소수가 없을 경우 1이 있다는 사실을 잊지 마시오. 모든 숫자의 약수인 1을 말이오.

설명이 끝난 뒤 급히 그룹이 만들어졌다. 무척 화가 난 환자는 마리우스 박사 때문에 제대로 된 음식을 먹을 수 없다고 그를 비난했다. 박사는 자기 잘못을 인정하고 앞으로 자기가 한 말에 책임을 지겠다고 말했다. 하지만 컴퓨터에 의하면 그동안 박사의 운동 프로그램은 만족할 만한 효과를 내지 못하고 있었다. 체중계는 모두의 기대를 저버렸다. 지구 중력을 벗어난 우주 정거장에서 환자들의 체중은 누구나 기뻐할 수치인 0이었다. 하지만 실제 비만도는 안타깝게도 정상치를 훌쩍 넘고 있었다. 박사는 이제 싸움까지 벌어졌기 때문에 사람들이 어린아이처럼 굴지 않고 다이어트를 진지하게 받아들이게 되면 제대로 된 음식을 허락할 생각이었다. 이때부터 간호사들은 GCD 공식을 최대 어린이 약수(the Great Child Divider)라는 별명으로 불렀다.

사람들은 식욕 제거 요법 방으로 인도되었다. 뜻밖에도 카이우스는 그곳으로 가는 도중 다시 정신을 잃었다. 카이우스를 살펴본 마리우스 박사는 카이우스의 원기가 매우 부족한 상태이기 때문에 급히 꿈의 방으로 데려가 복합 비타민을 혈관에 주사하는 치료를 받아야 한다고 말했다.

모든 소동이 가라앉고 우주재활센터의 일상이 끝났다. 직원들은 휴식을 취했고 식욕 제거 요법 그룹에 속한 사람들은 이전에 느꼈던 지독한 배고픔을 까맣게 잊은 채 자기 방으로 돌아갔다. 카이우스는 몇 시간 동안 꿈을 꾸었다. 꿈속에서 엄마는 먹음직스러운 바비큐를 요리해 주고 천사 같은 미소를 보냈다. 그 꿈이 끝나자 이번에는 무시무시한 미라가 나타나 공포스럽게 카이우스의 이름을 불러 댔다.

"카이우스, 일어나. 일어나라니까!"

카이우스는 눈을 뜨고 벌떡 일어났다. 악몽에 등장했던 미라가 눈앞에 서 있었다. 미라가 카이우스를 진정시키려고 했다.

"정신 차려, 카이우스. 나야!"

카이우스는 머리를 흔들면서 그 형체를 더 잘 보기 위해 눈을 비비고 난 후에야 무슨 일이 일어나고 있는지 알아차렸다. 미라는 바로 머리에 붕대를 두른 빨간 머리 소년 말바였다. 카이우스는 말바의 커다랗고 파란 눈을 보고 겨우 그를 알아보았다.

"말바, 너니? 머리에 뭘 두른 거야?"

"이거? 아무것도 아니야. 싸움에 휘말리다 보면 이런 일이 벌어지는 거라고."

말바가 그럴듯하게 설명했다.

그러고 나서 가짜 미라는 자신을 포함하여 식욕 제거 요법에서 제외된 사람들이 간식이 있는 방으로 침입할 거라고 덧붙였다.

"그곳엔 감시 카메라가 돌아가고 있으니 발각되지 않으려면 스케이트보드를 이용하는 게 좋겠어. 너와 내가 묘기를 부려 감시망을 피할 수 있을 거야. 다른 사람들은 숨어서 우릴 기다리면 될 테고."

말바가 말했다.

카이우스는 말바의 제안을 받아들일 수밖에 없겠다고 생각했다. 정신을 완전히 차린 카이우스는 참을 수 없는 공복감을 느꼈다. 이 끔찍한 배고픔을 달래기 위해서라면 무슨 위험이든지 감수할 수 있겠다는 생각이 들었다.

카이우스는 일어나서 친구를 따라 다른 사람들을 만나러 갔다. 말바는 모두에게 둥그렇게 모이라고 말하고 자신의 계획을 설명하기 시작했다.

감시 카메라와 간호사들에게 붙잡히지 않기 위해서 말바와 카이우스는 스케이트보드를 타고 간식 방과 다른 사람들이 기다리는 방을 오가며 음식을 실어 나를 계획이었다. 말바는 15분 간격으로, 카이우스는 20분 간격으로 왕복하기로 했다. 두 사람이 동시에 출발한 후 동시에 출발점으로 돌아오게 되면 임무는 끝날 예정이었다.

카이우스 옆에 서 있던 두꺼운 안경을 끼고 머리를 묶은 여자아이가 물었다.

"너희들 언제 이 방에서 다시 만날 거니? 오래 걸릴까?"

"계산을 해 봐야 돼, 사만다. 카이우스와 내가 같은 장소에 계속해서 오고가다 보면 우린 여러 번 마주치게 될 거야. 우리가 출발점에서 처음으로 다시 만나게 될 때까지 꽤 많은 음식과 간식을 챙겨 올 수 있겠지.

우리는 두 간격의 최소공배수(LCM), 즉 15와 20의 최소공배수를 계

산해야만 해.”

:: 최소공배수(LCM) ::

“무슨 이름이 그렇담! 배수가 뭔데? 왜 그걸 계산해야만 하지?”

모두들 소리쳤다.

미라 머리 말바가 말했다.

“자, 이제 그게 뭔지 알아보자.”

말바는 재활용 종이 한 장을 가져다가 설명하기 시작했다.

“32를 예로 살펴보자. 32는 8로 나눌 때 나머지가 남지 않아. 즉 8

로 나누어지지. 그러니까 32는 구구단 8단에 나오는 숫자인 거야. 배

수가 된다는 건 어떤 숫자로 나누어지는 것과 같아.”

2, 5 그리고 8의 배수들은 다음과 같다.

2의 배수 = {0, 2, 4, 6, 8, 10, 12, 14, 16, 18, 20, 22, 24, 26, 28, 30, 32, 34, 36, 38, 40, 42, … }

5의 배수 = {0, 5, 10, 15, 20, 25, 30, 35, 40, 45, 50, 55, …}

8의 배수 = {0, 8, 16, 24, 32, 40, 48, 56, 64, 72, 80, 88, …}

"0을 제외하고 2와 5와 8의 배수면서 가장 낮은 숫자는 뭐지?"

말바가 물었다.

"이 숫자들의 배수들을 비교해 보면 40이 되는구나."

특히 열량 문제를 따질 때 구구단 전문가가 되곤 하는 사만다가 잽싸게 대답했다.

"그러니까 40이 세 숫자의 첫 번째 공통되는 배수, 즉 최소공배수라는 뜻이야. 구구단이 무한대로 계속되는 만큼 배수의 개수는 무한대라는 뜻이지."

말바가 결론을 내렸다.

"최소공배수를 구하는 다른 방법을 사용해 보자."

그가 재빨리 덧붙였다.

2, 5, 8을 인수분해하면 다음과 같다."

2)2	5)5	2)8
1	1	2)4
		2)2
		1

"각각의 수에서 최대의 지수를 가지는 숫자들을 생각해 보자. 그러니까 2, 5, 8의 최소공배수는 $2^3 \times 5 = 8 \times 5 = 40$이야. 이 방법이 구구단을 이용하는 것보다 더 빠르다는 걸 이해했겠지?"

"그게 그렇다면 왜 그 세 숫자를 동시에 나누지 않는 거지? 그게 훨씬 더 빠르지 않을까?"

카이우스가 의견을 제시했다.

"넌 정말 빠르구나, 날쌘돌이 카이우스! 스케이트볼이든 최소공배수든 정말 빠른데? 이런 즉석 인수분해가 가능하지."

말바가 종이를 보여 주며 말했다.

$$
\begin{array}{r}
2\,)\,2\ \ 5\ \ 8 \\
\hline
2\,)\,1\ \ 5\ \ 4 \\
\hline
2\,)\,1\ \ 5\ \ 2 \\
\hline
5\,)\,1\ \ 5\ \ 1 \\
\hline
1\ \ 1\ \ 1
\end{array}
$$

"잘한다, 날쌘돌이 카이우스!

모두들 구호를 외치며 응원했다.

"그래! 이제 두 가지를 더 설명할게."

1. 주어진 두 수의 공통되는 약수가 없을 경우, 간단히 두 수를 곱해서 최소공배수를 구한다.

예 ▶
$$
\begin{array}{r}
3\,)\,7\quad15 \\
5\,)\,7\quad5 \\
7\,)\,7\quad1 \\
1\quad1
\end{array}
$$

최소공배수 : $3\times5\times7=15\times7=105$

2. 주어진 수의 하나가 다른 모든 수들의 배수일 경우, 이 숫자가 최소공배수가 된다.

3, 9, 12, 36이 그 예이다.

"36은 나머지 숫자들의 배수야. 그래서 최소공배수 값은 36이지. 의심스러우면 인수분해를 해 보고 답을 확인해 보면 돼. 만약 내가 15분 간격으로 음식을 가져오고 카이우스가 20분마다 음식을 가져올 경우 우린 다음과 같이 움직이게 되겠지."

$$2 \overline{)\,15 \quad 20}$$
$$2 \overline{)\,15 \quad 10}$$
$$3 \overline{)\,15 \quad 5}$$
$$5 \overline{)\,5 \quad 5}$$
$$\,1 \quad 1$$

최소공배수 : $2^2 \times 3 \times 5 = 60$

"이것은 우리가 60분, 그러니까 한 시간 후에 여기서 다시 만나게 된다는 뜻이야."

카이우스는 잠깐 쉬는 동안 옆에 서 있는 여자아이를 살펴보았다. 여자아이는 뚜껑이 있고 옆에 구멍이 뚫린 상자를 들고 있었다. 그런데 수상쩍은 소리가 상자에서 흘러나왔다.

카이우스는 여자아이를 똑바로 보면서 물었다.

"안에 뭐가 들어 있니?"

"내 애완동물들이야. 볼래?"

여자아이가 천천히 상자를 열었다. 상자 안을 본 카이우스의 눈이 커다래졌다.

"와! 꼬마 공룡들이네!"

"여기 우주재활센터에 있는 복제 애완동물 가게에서 샀어."

카이우스는 손을 뻗어 공룡들을 만지고 싶은 유혹을 뿌리칠 수 없었다. 하지만 곧 카이우스는 너무 아파서 반사적으로 손을 움츠리며 비명을 질렀다.

"아얏!"

카이우스가 떼어 내려고 애를 쓰는데도 작은 티라노사우루스는 찰싹 달라붙어서 카이우스의 손가락을 점심으로 먹으려고 했다.

사만다가 야단을 쳤다.

"쥬라식스! 고약한 녀석! 카이우스의 손가락을 놓아 줘!"

사만다가 애완동물의 배를 간질이고 나서야 녀석은 카이우스의 손가락을 놓아주었다. 사만다는 공룡을 상자에 도로 집어넣고 카이우스의 손가락을 살펴보았다.

"녀석이 나를 죽이려고 했어!"

"카이우스, 진정해! 이빨 자국이 조금 났을 뿐인걸. 미안해. 그냥 놀자고 그런 거야. 상처도 심하지 않잖아."

"심하지 않다고? 하마터면 녀석이 내 손가락을 잘라먹을 뻔했는데!"

사만다가 점점 당황해하는 기색을 보이자 카이우스는 불평을 멈추고 목소리를 가라앉혔다.

"이제 좀 나아졌어. 걱정 마. 내가 식당에 가면 네 애완동물을 위해서 고기 한 조각을 가져올게."

"그럴 필요 없어."

사만다는 바지 주머니를 뒤져서 카이우스에게 뭔가를 보여 주었다.

"봐. 이게 내 애완동물이 제일 좋아하는 먹이야."

"믿을 수 없어! 채식주의자 티라노사우루스라니! 공룡이 내가 상추인 줄 알고 먹으려고 했으니까 난 아마도 너무 배가 고파서 초록색으로 질려 있나 봐."

곧 이어, 카이우스와 말바는 '냉장고와 찬장 털기 작전'을 준비했다. 배낭과 스케이트보드와 시계 따위를 챙긴 뒤 미리 약속한 시간 간격을 따르기로 하고 함께 출발했다. 작전은 멋지게 수행되었다. 쌩쌩 나는 스케이트보드의 움직임은 감시 카메라를 감쪽같이 피할 정도로 빨랐기 때문에 경보가 울리지 않았다. 그들은 각각 훔친 음식으로 배낭을 가득 채운 뒤 은밀한 장소로 옮겨 놓았다. 말바는 4번, 카이우스는 3번 왕복했다. 말바가 계산했던 대로 정확히 60분 뒤 냉장고와 찬장 도둑 두 명은 다시 만났다.

먹음직스러운 음식을 보자마자 모두들 자제력을 잃고 달려들었다. 카이우스가 그들에게 조용히 하라고 주의를 주려고 했지만 그들은 카이우스를 완전히 무시했다. 그들이 초콜릿으로 잔뜩 배를 채우고 있을 때 카이우스를 비롯한 일당들은 누군가 급히 쫓아오는 발자국 소리를 들었다.

"쾅!"

문이 바닥으로 넘어갔다. 다이어트 팀의 마리우스 박사와 간호사들이었다. 이제 어떤 일이 일어날까?

:: 최대공약수와 최소공배수의 관계 ::

마리우스 박사의 눈동자는 불꽃처럼 번뜩였다. 그는 사람들을 심하게 비난하며 몰아세울 기세였지만 사람들의 입에 초콜릿이 잔뜩 묻은 걸 보고 더는 화를 내지 못했다.

한숨을 푹 쉬고서 박사가 말했다.

"좋아요. 내가 포기했소! 여러분이 견디기 어려웠을 거라는 건 나도 알아요. 여러분이 이런 모습으로 태어난 건 여러분 잘못이 아니오. 여러분의 음식을 바꾸려고 했던 건 복제 인간들이오."

"복제 인간이라고 했나요? 그럼 당신도 복제 인간인가요? 진짜 마리우스 박사는 어디 있죠?"

말바가 물었다.

"진짜 마리우스는 우리 아버지라오. 아버지는 이 음식 프로그램에 대해 별로 관심이 없었어요. 그는 보통 사람들이 이 알약을 견뎌내지 못할 거라고 생각했기 때문에 이곳을 떠났소. 최근 그는 다른 개념을 가진 새로운 형태의 우주재활센터를 열었어요. 일이 이렇게 되고 보니 아버지가 옳았다는 믿음이 생기는군요. 내 생각에는 여러분이 있을 곳은 이 우주재활센터가 아닌 것 같소. 여러분은 우리 아버지가 운영하는 곳으로 가는 게 훨씬 낫겠어요."

박사는 계속해서 음식을 먹는 사람들을 참을성 있게 바라보았다.

"내가 졌소. 짐을 싸도 좋아요. 내일 아침 우주 정거장으로 여러분을 태워 줄 우주 버스를 불러 주겠소."

모두들 활짝 웃었다. 마리우스 박사는 다른 우주재활센터가 어떤 식으로 운영되는가에 대해서는 설명하지 않았지만 그곳이 어떤 곳이든 이곳보다는 나을 것 같았다.

이야기를 계속하는 동안 박사와 말바는 어느덧 좋은 친구가 되었고 그들의 수학적 관계, 즉 마리우스 박사의 최대공약수와 말바의 최소공배수 사이의 관계를 발견하게 되었다.

두 수의 곱은 그 수들의 최대공약수와 최소공배수의 곱과 같다.

예를 들어 40명의 경비원들과 60명의 사람들이 있다고 하자.

40과 60의 최대공약수와 최소공배수는 다음과 같다.

$$2\overline{)40} \quad 2\overline{)60} \qquad 2\overline{)40\ \ 60}$$

$$2\overline{)20} \quad 2\overline{)30} \qquad 2\overline{)20\ \ 30}$$

$$2\overline{)10} \quad 3\overline{)15} \qquad 2\overline{)10\ \ 15}$$

$$5\overline{)5} \quad 5\overline{)5} \qquad 3\overline{)\ 5\ \ 15}$$

$$\quad 1 \qquad\quad 1 \qquad\quad 5\overline{)\ 5\ \ 5}$$

$$\qquad\qquad\qquad\qquad\qquad 1\ \ 1$$

$40 = 2^3 \times 5$ 　　　최대공약수 : $2^2 \times 5 = 20$

$60 = 2^2 \times 3 \times 5$ 　　최소공배수 : $2^3 \times 3 \times 5 = 120$

$40 \times 60 = 2400$ 그리고 $20 \times 120 = 2400$

　이런 방식으로 마리우스 박사는 일과 우정 두 가지를 성취할 수 있었다.

　다음 날 일찍 마리우스 박사는 약속대로 그들을 우주 정거장에 데려다 주었다. 카이우스와 말바 그리고 그룹의 나머지 사람들은 자신들을 그토록 너그럽게 이해해 준 박사에게 감사하며 작별 인사를 했다. 여행은 겨우 두 시간 정도밖에 걸리지 않았으며 그들의 새로운 목적지는 더할 나위 없이 좋은 곳이었다. 카이우스와 말바는 버스에서 내리기 전에 눈앞의 멋진 광경을 창밖으로 바라보다가 입을 딱 벌렸다. 정거장은 전에 있었던 것과 똑같이 생겼지만 한 가지 다른 점이 있었다. 그것은 길 위에 서 있는 다음 구절이 쓰인 거대한 표지판이었다.

'새 우주재활센터에 오신 것을 환영합니다. 왕성한 식욕을 위한 서비스!'

첩보원 X의
분수 조직 소탕 작전

카이우스는 어디를 향하는지 알 수 없는 비행기 안에 앉아 있었다. 옆자리에는 아무도 없었다. 자신을 태우고 다니는 타임머신은 왜 도착지에 대해 아무것도 알려 주지 않는 걸까 궁금해하며 혼란과 피로를 느꼈다.

주변을 둘러보니 사람들이 한창 이륙 준비를 하느라고 분주했다.

"실례합니다. 상자를 이 자리에 앉은 탑승객께 전해 주라는 부탁을 받았어요."

카이우스는 상자를 자기 무릎에 놓고 급히 지나가는 승무원을 물끄러미 바라보았다. 누가 이 상자를 전해 달라고 했는지 물어볼 시간조차 주지 않은 채 그녀는 곧장 문 옆으로 가서 두 아기를 안고 어깨에 큰 가방을 멘 부인을 도와주고 있었다. 바로 그 순간 뒤늦게 탑승한 남자가 성큼성큼 복도를 걸어오고 있었다. 남자는 선글라스를 끼고 있었는데 튼튼한 몸에 키가 컸다. 그는 갈색 머리를 잘 손질했으며 눈에 확 띌 만큼 멋진 검은 양복을 입고 있었다. 카이우스가 보니 사나이는 뒤에 따라오는 사람이 있는지 걱정스러운 듯 계속해서 어깨 너머를 돌아보고 있었다. 아기들을 안은 부인이 앞을 가로막고 있는 것을 본 사나이는 성가시다는 표정으로 그녀를 재촉하면서 거의 좌석으로 떠밀다시피 했다.

부인은 뜻밖의 봉변을 당해 몹시 당황하다가 결국 한 아기를 손에서 놓치고 말았다. 남자가 번개 같은 동작으로 급히 아기를 받았다. 남자의 행동을 보고 탑승객들이 모두 박수를 쳤다. 깊이 감동한 부인은 남자의 뺨에 입을 맞추고 그의 팔에서 아기를 받았다. 그런데 부인이 승무원에게 잠시 아기를 맡기려고 돌아서는 순간 그녀의 어깨에 걸린 가방이 남자의 얼굴을 세게 후려쳤다. 균형을 잃은 남자는 문 옆에 걸려 있던 소화기에 머리를 꽝 박고서 비행기 승강대 아래로 데굴데굴 굴러 땅바닥에 나가떨어졌다. 남자는 비틀거리며 겨우 일어섰지만 엷은 미소를 띤 채 천천히 뒤로 넘어지더니 의식을 잃었다.

승무원이 경비원을 불러서 남자를 공항의 응급실로 이송해 달라고 부탁했다. 곧 그녀는 불의의 사고에 대해 중얼거리면서 부인과 칭얼대는 아기들을 자리에 앉혔다. 잠시 후 비행기가 이륙했다.

복잡한 드라마가 다 끝났음을 깨달은 카이우스는 무릎 위의 상자를 기억해 냈다. 그는 상자를 집어 들고 겉에 쓰인 메시지를 읽었다.

'반드시 비행이 끝난 뒤에 열 것.'

카이우스는 잠시 다음의 세 가지 가능성을 고려해 보았다.

A. 비행이 다 끝날 때까지 기다렸다가 상자를 열기.

B. 호기심이 부추기는 대로 지금 당장 열기.

C. 상자가 자신을 위한 물건이 아닐 수도 있으니 돌려주기.

"좋아. B로 하자. B를 선택하겠어!"

목소리가 너무 커서 비행기 안ᴮ에 있는 다른 사람들이 모두 자신을 바라보는 줄도 모르고 카이우스는 소리를 질렀다.

"지금 열어보는 게 나을 거야. 기다리는 건 힘든 일이니까."

카이우스는 혼자 중얼거렸다.

상자 안에는 녹음기와 헤드폰이 들어 있었다. 그는 헤드폰을 쓰고 녹음기를 켰다.

"X 씨, 환영합니다! 별일 없기를 바랍니다. 당신의 도움이 다시 필요해졌습니다. 만약 당신이 이 임무를 맡기로 결정한다면 이 작전은 지금까지 당신이 경험했던 임무 중 가장 어려운 일이 될 것입니다. 감히 말하건대 이 일은 거의 불가능에 가깝습니다. 당신의 임무는 분수와 맞붙는 것입니다.

당신을 돕기 위해 보조 팀을 보내겠습니다. 만일 당신이나 팀원이 잡힌다면 우린 당신에 대해 아무것도 모른다고 말할 것임을 명심하십시오.

이 테이프는 8초 내로 자동 파괴될 것입니다. 8, 7, 6, 5……."

비행기가 난기류를 통과하는지 카이우스가 움직일 틈도 없이 몸집이 큰 검은 머리의 여승무원이 카이우스의 무릎으로 넘어졌다. 그 바람에 녹음기는 완전히 부서지고 말았다.

"아이고, 미안해요. 내가 뭘 망가뜨렸나요?"

그녀는 카이우스의 무릎에서 일어날 생각도 못하고 눈을 깜빡거리며 물었다.

"이 비행기에 탄 여성들은 모두 넘어지기 선수들이군!"

카이우스 뒤에 앉은 탑승객이 농담을 했다.

"이런! 하필이면 첫 비행인데 이런 실수를 하다니!"

여승무원이 소리쳤다.

이후로 비행기는 더 이상의 문제 없이 무사히 목적지에 착륙했다. 카이우스는 비행기에서 내려 공항 출구로 향했다. 거리로 나온 카이우스는 자동차들의 움직임을 바라보며 멀뚱히 서서 이제 뭘 어떻게 해야 할까 생각하고 있었다. 이윽고 저만치에서 자신을 향해 걸어오는 어떤 택시 운전기사를 발견했다. 택시 운전기사는 금발에 눈은 초록색이었으며 꼭 영화배우 같았다. 운전기사는 카이우스에게 택시에 타라고 정중하게 권했다.

카이우스가 미처 대답을 하기도 전에 운전기사는 그를 거의 떼밀다시피 택시 안으로 밀어 넣고 문을 닫았다. 카이우스는 차에서 내리려고 애를 썼으나 차는 최고 속도로 달리고 있었다. 운전기사는 앞차들을 요리조리 추월하면서 적신호도 그냥 통과했고 아슬아슬하게 좌회전, 우회전을 감행했다. 카이우스가 도와달라고 소리를 쳤지만, 그의 목소리는 끼익 소리를 내는 자동차 바퀴의 소음과 미친 사람처럼 차를 모는 운전기사에게 욕을 하는 사람들의 고함에 파묻히고 말았다. 카이우스는 운전기사를 저지하고 싶었지만 모퉁이를 돌 때마다 몸이 심하게 쏠려서 어쩔 도리가 없었다.

잠시 후 미치광이 운전기사는 한 창고 앞에서 차를 멈췄다. 운전기사는 차멀미로 거의 넋을 잃은 승객을 보고 심술궂게 씩 웃었다. 카이우스는 몹시 화가 났다.

"뭘 그렇게 웃고 있어요? 설마 내가 팁을 줄 거라고 기대하는 건 아니겠죠?"

남자는 침착하게 양손을 들어 올리더니 얼굴에서 천천히 가죽을 벗겨냈다. 카이우스는 혐오스럽고 놀라워 그를 빤히 쳐다볼 수밖에 없었다.

"아니, 아저씬 도대체?"

남자는 벗겨낸 가죽 밑에 다른 얼굴이 나타날 때까지 손을 멈추지 않았다. 카이우스가 자세히 보니 남자는 일본인 같았다. 가발과 가면을 완전히 벗은 다음 남자가 미소를 지었다.

"내 가면이 마음에 들었어요, 대장?"

"대장? 아저씬 내가 누구라고 생각하는 거예요? 그리고 왜 그렇게 난폭하게 운전했죠?"

"미행당하지 않고 대장을 본부로 모시려고 그랬어요. 내가 좀 지나쳤죠?"

"본부라니요?"

"아, 모르는 척 그만하세요. 첩보원 X! 난 당신이 비행기 안에 앉아 있는 걸 보는 순간 바로 알아봤어요."

"첩보원 X가 누구죠? 난 비행기 안에서 아저씨를 본 기억이 없어요."

카이우스는 무슨 일이 일어나고 있는지 도무지 갈피를 잡을 수 없었다.

"미안해요! 내가 뭘 망가뜨렸나요?"

운전기사는 녹음기를 망가뜨렸던 뚱뚱한 여자의 날카로운 음성을 흉내 내며 말했다.

"그게 아저씨였단 말이에요? 그 뚱뚱한 여자가요?"

"멋진 위장이었죠. 안 그래요?"

"난 깔려서 죽을 뻔 했어요!"

"그 꾸러미는 비행기 안에서 여는 게 아니었어요. 난 녹음기가 폭발하기 전에 잽싸게 조치를 취해야 했습니다."

운전기사는 잠깐 쉬었다가 혼잣말을 하듯이 말을 이었다.

"대장의 그 청소년 위장은 정말 기발하군요. 난 그 흔한 첩보원, 그러니까 검은 양복에 짙은 색안경을 낀 뻔한 모습의 첩보원을 기대하고 있었거든요."

그가 카이우스를 흘끗 보고 나서 덧붙였다.

"X 요원, 정말 훌륭한 위장입니다. 특히 그 모자는 정말……."

순간적으로 카이우스는 운전기사가 비행기를 타지 못하게 된 그 불운한 남자로 자신을 착각하고 있으며, 현재 있지 말아야 할 시간과 장소에 있다는 사실을 깨달았다.

"내 행동을 용서해 주길 바랍니다."

운전기사가 팔을 뻗어 카이우스에게 손을 내밀었다.

"사우 즌드룩스(천의 얼굴이라는 뜻 ― 옮긴이)라고 합니다!"

충격을 받은 카이우스는 기계적으로 악수를 했다. 운전기사는 차에서 내려 카이우스를 위해 차 문을 열어 주었다.

"자, 창고 아니 본부로 들어갑시다."

할 말을 잃은 카이우스는 차 밖으로 나와 천의 얼굴을 가진 사나이를 따라 창고로 들어갔다.

두 사람이 아무도 없는 건물 안으로 들어간 다음 사우는 나무 상자를 높이 쌓아 놓은 곳으로 걸어갔다. 그는 나무 상자를 두드려 비밀 버튼을 찾아냈다. 그가 버튼을 누르자 유리로 된 구멍이 번쩍이는 빨간 빛을 뿜으며 활짝 열렸다. 사우가 왼쪽 눈을 구멍에 대자 빛이 그의 동공을 읽어 신원을 확인했다. 그러자 상자가 열리면서 엘리베이터가 나타났다. 두 사람이 안으로 들어가자 뒤에서 문이 닫히고 엘리베이터는 놀라우리만치 빠른 속도로 아래로 내려갔다.

지하실에 도착하자 엘리베이터 문이 열렸고 카이우스는 눈앞의 광경에 놀라 입을 다물지 못했다. 넓은 홀에서 수많은 병사들이 각자의 임무를 수행하느라고 분주하게 움직이고 있었다. 어떤 사람들은 레이저 총으로 사격 연습을 하며 먼 거리에 있는 작은 목표물을 조준하여 정확히 맞히는 데 열중하고 있었다. 모의 전쟁 연습을 하는 여자들도 있었고 명상을 하는 사람들도 있었다.

사우는 카이우스에게 주변을 보여 준 다음 사람들이 컴퓨터 앞에 앉아 열심히 일하고 있는 방으로 데리고 갔다. 그들 앞에는 임무 수행 중인 첩보원들의 위치가 표시된 커다란 세계지도가 있었다. 그 옆방은 첩보 장비 연구실이었다. 카이우스는 그곳에서 첩보 활동에 쓰이는 작은 장치들, 이를테면 조그마한 셔츠 단추같이 보이는 무전기라든가 손톱같이 생긴 카메라 등을 보았다. 그곳에는 꼼꼼하게 테스트를 받고 있는 검정색 스포츠카도 있었다. 누군가가 그 차 안에 앉자 자동으로 철컥 안전벨트가 잠겼고 자동차가 긁히거나 운전자가 다치지 않도록 컴퓨터가 속도와 방향을 조정하고 있었다.

"하나도 재미없는 차로군요."

카이우스가 말했다.

"재미있자고 타는 차가 아닙니다."

사우 즌드룩스가 잘라 말했다.

"우린 잘 훈련받은 훌륭한 첩보원들을 사고로 잃어버리는 일에 지쳤답니다. 죄 없는 첩보원들의 목숨을 위험에 빠뜨리면서 세상을 구할 수는 없지요."

"아무리 그렇다고 하더라도 컴퓨터 장치는 왜 필요하죠? 첩보원들이 훈련을 잘 받았다면 운전쯤은 눈감고도 할 텐데요."

"우리도 같은 생각을 했었어요. 그런데 우리와 함께 일하던 한 유능한 첩보원은 도망칠 때마다 차를 망가뜨리곤 했습니다."

"그 사람에게 무슨 일이 일어났죠? 목숨을 잃었나요?"

"아닙니다. 우린 그를 해고했고 그는 지금 할리우드에서 일하고 있어요."

사우 즌드룩스는 자동차 옆으로 가서 차를 톡톡 두드렸다.

"인사과에서 저에게도 이런 차를 한 대 주겠다고 했습니다. 본부에서는 교통 범칙금에 대해 불만이 많답니다."

본부를 다 둘러본 후 커다란 방으로 들어갔다. 그곳에는 타원형의 회

의용 책상과 빨간 회전의자들이 있었고 벽에는 하얀 칠판이 걸려 있었다. 책상 위에는 색색의 불빛으로 가득한 계기판과 슬라이드 영사기, 색안경 한 무더기, 겉장에 '분수에 대처하기 위한 EAT 작전'이라고 쓰인 파일 등이 놓여 있었다.

카이우스는 호기심에 파일을 집어 들고 내용을 읽기 시작했다. 그것은 '매력적인 지원 팀 EAT(Enticing Aid Team)'라고 불리는 비밀 임무에 관한 세부 내용이 적힌 보고서였다. 그 정보에 따르면 분수는 맞붙기 어려운 상대들이었다. 그들은 형제 같은 사랑으로 모든 것들을 서로 나누기 위해 학생들, 특히 어린이들을 가르치기 위해 노력하였고 이를 위해 엄격한 규칙을 따르기를 좋아했다. 이 규칙은 초콜릿과 피자 등을 포함한 모든 것에 적용되었다. 또한 분수 집단은 이 개념을 사용함으로써 모범적인 시민을 양성하고 나아가 시민들을 더 효과적으로 통제할 수 있기를 바라고 있었다.

카이우스는 분수에 대해 알고 있기는 했지만 분수 때문에 지난번 수학 시험에서 낮은 점수를 받고 난 뒤로 분수를 조금도 좋아하지 않았다.

보고서를 다 읽은 후 카이우스는 자신에게 일어난 일들을 되짚어 보았다. 카이우스는 아무도 자신이 진짜 첩보원이 아니라는 점을 알지 못한다는 사실을 눈치챘다. 사실을 밝힌다면 그들은 무슨 수를 써서라도 카이우스가 본 것들을 전부 잊게 하려고 할 것이다. 어쩌면 그를 어딘론가 멀리 보내 버릴지도 모를 일이었다. 카이우스는 비밀 첩보원의 임무를 수행할 수 없게 될 뿐만 아니라 신나는 추격전을 곁들인 놀라운 모험과 범죄자들과의 대결 그리고 아슬아슬한 위험을 놓칠 수밖에 없을 것이다. 첩보원 역할은 그야말로 스릴을 만끽할 절호의 기회였다! 카이우스는 좀 더 생각한 후 X요원의 역할을 감행하기로 마음먹었다.

벨이 울렸다. 슬라이드 영사기를 열심히 만지고 있던 사우 즌드룩스가 책상 위의 계기판 쪽으로 가서 버튼을 누르자 하얀 칠판 뒤에서 비밀의 문이 열렸다. 문 뒤에서 소년과 소녀가 나타났고 사우 즌드룩스가 카이우스에게 그들을 소개했다.

"이분은 보안 담당 노트러블스 씨, 그리고 이분은 노우잇올 교수님입니다."

노트러블스는 빨간 머리 소녀였다. 머리를 땋은 상태였고 위장복 차림에 군화를 신고 있었다.

노우잇올 교수는 소년이었으며 멜빵이 달린 파란 작업복 차림에 작고 동그란 안경을 끼고 있었다. 빗질을 해서 빳빳하게 세운 그의 머리카락은 파란색이었다. 카이우스는 파일을 잔뜩 들고 있는 그를 보고 무척 놀랐다.

모두들 책상에 둘러앉았다. 노우잇올이 안내 책자를 나누어 주면서 사우 즌드룩스에게 신호를 보냈다.

사우가 계기판에 달린 버튼을 순서대로 눌렀다. 문이 다 닫히고 하얀 칠판이 다시 나타난 후 전등이 꺼졌다.

노우잇올은 노트러블스에게 색안경을 나누어 주고 영사기를 켜 달라고 부탁했다.

"색안경을 쓰시기 바랍니다."

노우잇올이 말했다.

교수는 슬라이드를 보면서 분수 조직의 멤버들에 대해 설명하기 시작했다.

"이들이 분수 조직의 우두머리들이며 코드명은 분자입니다. 이들은 각 분수의 나눗셈 작업에서 가장 높은 위치를 차지합니다."

책상 앞에 앉은 사람들은 특수 렌즈가 달린 색안경을 통해 3D 이미지를 볼 수 있다는 생각에 몹시 들떠 있었다.

$$\frac{2}{17} < \frac{3}{17} < \frac{5}{17} < \frac{7}{17} < \frac{9}{17}$$ ──── 분자

교수가 다음 슬라이드를 보자고 말했다.

"이번엔 코드명 분모입니다. 비록 이 멤버들은 나눗셈에서 계급이 낮지만 위험한 임무를 수행합니다. 각 분수에서 이들의 수치가 높을수록 결과적으로 얻게 되는 값은 적습니다."

$$\frac{3}{11} > \frac{3}{12} > \frac{3}{15} > \frac{3}{23} > \frac{3}{34}$$ ──── 분모

"예를 들면 분수는 초콜릿 바 하나를 잘라서 똑같이 두 개로 나눌 때 사용할 수 있습니다.

"같은 초콜릿 바를 4조각으로 나뉘면 다음과 같습니다."

"이번에는 10조각으로 나눈 것입니다."

"10개의 조각으로 나눈 초콜릿 바에서 두 조각을 먹을 경우 먹은 양은 분수로 다음과 같이 표현합니다."

분자는 2이다.

분모는 10이다.

"실제로 분수는 형제간의 싸움을 피하기 위해 똑같은 분량으로 나누기 좋다는 사실을 알 수 있습니다. 싸움이 없다면 그들은 항상 점잖게 행동하겠지요. 모든 것들을 같은 분량으로 나누기 위해 분수는 세상 구석구석까지 퍼져 나갑니다. 사실상 그들은 무한대입니다. 각자 분모와 분자를 거느리고 말입니다.”

노우잇올이 결론을 내렸다.

“이제 분수의 종류를 주의 깊게 살펴봅시다. 우리가 이들을 찾아낼 수 있는 곳은······.”

“쩝, 쩝!”

“이게 무슨 소리죠?”

노우잇올이 방을 둘러보며 물었다.

카이우스와 다른 사람들은 사우 즈드룩스가 몰래 훔쳐 낸 초콜릿을 먹느라고 정신이 없었다. 노트러블스가 순진한 눈으로 교수를 바라보며 손을 내밀었다.

“교수님도 좀 맛보시겠어요?”

“이런 식으로 행동하면서 어떻게 임무를 수행할 수 있겠습니까?”

노우잇올이 노트러블스의 손바닥에 놓인 조그만 초콜릿 조각을 흘끗 내려다보더니 소리를 질렀다.

“요게 전부입니까?”

노우잇올은 설명을 계속했다. 모두들 열심히 손가락을 쪽쪽 빨고 있었다. 물론 노우잇올도 예외는 아니었다.

:: 분수의 종류 ::

진분수

위장을 하지 않음. 일반적인 분수. 분자의 계급이 분모보다 높음에도 불구하고 분모보다 작은 값을 갖는다.

예 ▶ $\dfrac{5}{6}$ $\dfrac{8}{15}$ $\dfrac{4}{9}$

가분수

분자가 분수의 형태로 위장하고 있으나 나누어떨어지지는 않는다. 자세히 살펴보면 이런 형태의 분수는 두 부분으로 나눌 수 있는데, 일부가 자연수가 되면 다른 부분은 분수로 남는다.

예 ▶ $\dfrac{5}{4}$ $\dfrac{13}{7}$ $\dfrac{200}{13}$

사우 즌드룩스가 손을 들고 질문했다.

"이 가분수들은 어떤 모습으로 표현되죠? 교수님은 이 미스터리를 푸셨어요?"

"그렇습니다! 예를 들어 $\dfrac{5}{4}$ 를 살펴봅시다."

노우잇올은 불을 켜달라고 부탁하고 하얀 칠판에 답을 썼다.

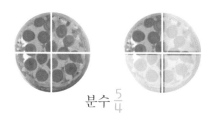

분수 $\dfrac{5}{4}$

"자, 이제 제 차례예요. 분수 $\frac{9}{1}$은 무슨 형태죠?"

노트러블스가 일어나서 물었다.

분모가 1인 분수:

분수로 위장한 양의 정수들.

예 ▶ $\frac{16}{4}$ $\frac{32}{8}$ $\frac{20}{5}$

"저걸 좀 보세요!"

칠판을 가리키며 사우 즌드룩스가 외쳤다.

"예로 나온 분수들이 모두 실제로는 4로군요. 정말 그럴듯한 속임수예요!"

갑자기 사우 즌드룩스의 표정이 어두워졌다.

"분수들은 임무에 매우 충실하고 그 수가 무한대로군요. 아무래도 분수 조직에 비밀 첩보원을 보내야겠어요. 그것만이 그들의 약점을 찾아내는 유일한 방법일 것 같군요. 안 그래요?"

교수가 빨간색 파일을 집어 들고 선언했다.

"며칠 전 우리 측 첩보원들은 분수 조직이 모종의 음모를 꾸미고 있음을 알아냈습니다. 그들은 서로 나누기를 배우기 거부하는 사람들을 납치해서 CIA라 불리는 '중앙 버릇고치기 기관(Central Indigestible Agency)'에 데려다가 버릇을 가르치고 있습니다."

"우리가 할 일이 뭔지 알겠어요!"

텔레비전에 나오는 유명 인사의 말투를 흉내 내어 카이우스가 소리쳤다.

"나를 따르라!"

"어디로 가는 거죠, X 요원?"

노트러블스가 물었다.

"음식점으로 갑니다."

"뭐라고요? 무슨 임무 때문에요? 난 배도 안 고픈걸요."

사우 즌드룩스는 충격을 받은 모양이었다.

"나를 믿어 보세요. 음식점으로 가기 전에 난 잠깐 연구실에 들러야겠습니다."

노트러블스가 카이우스에게 다가오더니 매력적인 눈빛으로 그를 바라보며 은근하게 말했다.

"그나저나 X 요원. 당신을 뭐라고 불러야 할까요? X 요원은 사실 너무 재미없는 이름이에요."

"폭탄이라고 불러 주세요. 카이우스 폭탄. 자, 갑시다!"

식구들끼리 식당에 갈 때 음식은 맛있어도 손님 접대는 마음에 들지 않은 경우가 많았기 때문에 카이우스는 짜증이 나곤 했었다. 카이우스가 음식을 먹으려고 하면 웨이터가 나타나 접시에 담긴 음식을 전부 똑같은 양으로 나누어 놓았다. 따라서 카이우스는 음식점이야말로 분수 조직이 활발하게 활동을 펼치는 장소일 거라는 결론을 자연스럽게 내릴 수 있었다.

그의 예감이 맞아떨어졌다. 분수들이 피자를 상대로 식탁에서 일을 벌이는 순간 카이우스와 EAT 멤버들이 식당에 도착했다.

두 번째 식탁에서 두 남자가 이미 각자 두 조각씩 먹을 수 있게 피자를 네 조각으로 나누어 놓고 있었다.

세 번째 식탁의 두 여자는 피자가 마치 애피타이저인 양 여덟 조각으로 잘라 놓고 사이좋게 네 조각씩 나누어 먹고 있었다.

"이 피자 조각들은 실제로 같은 양, 즉 같은 값을 가진 분수들입니다."

노우잇올이 말했다.

"다음을 잘 보시오."

"만약 피자가 계속해서 더 작은 조각들로 나뉜다면 조각은 눈곱만큼 작아지겠군요."

노트러블스가 말했다.

"하지만 그게 바로 분수들이 제일 좋아하는 거죠."

:: 약분 ::

$$\overset{\div 4}{\frac{4}{8}} = \frac{1}{2} \quad \text{또한} \quad \overset{\div 2}{\frac{2}{4}} = \frac{1}{2}$$

"한편 분수들은 그 반대도 좋아합니다. 계속 분자와 분모를 동시에 크게 만드는 것 말입니다."

노우잇올이 말했다.

"같은 값을 분자와 분모에 곱하면 됩니다."

$$\overset{\times 2}{\frac{1}{2}} = \overset{\times 2}{\frac{2}{4}} = \frac{4}{8}$$

교수가 카이우스 옆에 서서 물었다

"그런데 폭탄 씨, 당신의 계획은 뭡니까?"

"간단한 거예요, 교수님! 여기 계세요! 내가 먼저 행동을 개시하고 도움이 필요할 때 신호를 보내겠어요. 이걸 주머니에 넣어 두세요."

카이우스는 손님들 쪽으로 걸어갔다. 그는 주머니에 손을 넣고 웨이터들이 호기심 어린 눈으로 바라보는 가운데 침착하게 식탁을 빙빙 돌았다. 카이우스는 식탁 하나를 택해 그 옆에 멈춰 서더니, 갑자기 두 여자 손님 앞에 놓인 접시로 손을 뻗어 짐승처럼 게걸스럽게 피자를 먹었다.

"이건 내 피자예요! 전부 내 거예요. 이것도 줘요. 나한테 달란 말이에요!"

입 안에 피자가 가득 찼음에도 불구하고 그가 소리를 질렀다.

카이우스가 여자 손님의 손에서 또 한 조각을 빼앗아 입에 쑤셔 넣자 토마토소스가 입에서 뚝뚝 떨어졌다.

손님들은 공포에 질려 숨도 쉬지 못했고 웨이터들이 잽싸게 카이우스에게 달려들었다.

"도와줘요! EAT, 도와줘요!"

카이우스가 소리쳤다.

EAT 멤버들이 카이우스를 구하러 달려왔다.

의자들이 획획 날아다녔고 그중 하나가 카이우스의 등 한복판에 부딪혔다. 노트러블스는 두 여자 손님 가운데 한 명을 창밖으로 던졌다. 어떤 손님은 병으로 노우잇올의 머리를 치려고 하다가 다른 웨이터를 치고 말았다. 사우 즌드룩스가 얼굴을 향해 날아오는 디저트를 피하려고 몸을 구부리는 바람에 노트러블스가 대신 맞고 말았다.

"이제 우리가 너의 삶을 약분해 주마."

콧수염을 길게 기른 웨이터가 카이우스를 뒤에서 붙잡고 말했다.

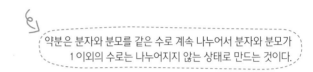

약분은 분자와 분모를 같은 수로 계속 나누어서 분자와 분모가 1 이외의 수로는 나누어지지 않는 상태로 만드는 것이다.

좀 더 분명하게 알기 위해서 분수 $\frac{48}{72}$ 을 예로 살펴보자.

$$\frac{48}{72} \overset{\div 2}{=} \frac{24}{36} \overset{\div 2}{=} \frac{12}{18} \overset{\div 2}{=} \frac{6}{9} \overset{\div 2}{=} \frac{2}{3}$$

$\frac{2}{3}$ 처럼 1 이외의 수로는 분자와 분모를 같은 수로 나눌 수 없는 상태의 분수를 기약분수라고 부른다.

그때 제복 차림의 병사들이 몰려들기 시작했다. 그들은 CIA라는 이니셜이 새겨진 배지를 달고 있었다. 그들 중 한 사람이 카이우스를 체포하라는 명령을 내렸고 병사들이 카이우스를 붙잡아 밖에 세워 놓은 차에 태웠다. 카이우스를 체포하라고 명령했던 군인이 카이우스를 차갑게 쏘아보았다.

"넌 이제 체포되었다. 우린 예의와 양보심을 배울 수 있는 곳으로 너를 데리고 가겠다. 꼬마야, 넌 훌륭한 교육을 받게 될 거다."

자동차가 사이렌을 울리며 총알같이 내달렸다.

EAT의 세 멤버들은 식당 밖으로 나와 떠나가는 차를 멍 하니 바라볼 수밖에 없었다.

"카이우스를 뒤쫓아 갑시다."

"안 돼요, 노트러블스! 우리가 따라가면 일을 그르칠 뿐이오. 카이우스 폭탄은 CIA에서 조금도 의심을 받지 않는 상태로 비밀리에 활동해야 합니다. 그는 정말 멋지게 임무를 수행했어요!"

"폭탄에게 우리의 도움이 필요하면 어떻게 하죠?"

바로 그 순간 교수는 카이우스가 준 물건을 주머니에서 꺼내 보여 주었다.

사우 즌드룩스는 그 물건을 알아보고 좋아하며 고개를 흔들었다.

"이럴 줄 알았어! 카이우스가 똑똑한 사람이라는 걸 알고 있었어요! 그는 연구실에 있던 무전기를 가져갔어요."

:: 분수의 덧셈과 뺄셈 ::

헬리콥터를 타고 한참을 가는 동안 카이우스는 그들이 인도네시아의 순다 해협 근처에 있는 작은 섬으로 가고 있음을 알아챘다. 헬리콥터에 탄 다른 사람들 뒤로 커다란 상자 두 개가 보였다.

"저 상자들은 뭐죠?"

카이우스가 한 병사에게 물었다.

"오, 그거! 며칠 뒤에 있는 왕위 계승자의 결혼식을 축하하기 위해 우리 섬으로 폭죽을 가져가는 거라네. 전 지역에서 잔치가 벌어질 텐데 아무 문제없이 넘어가려면 우리도 행사에 참여해야만 하지."

"모두 조용히 해!"

조종사가 말했다.

"몇 분 뒤 우린 분수 조직의 본부 CIA에 도착할 거다."

분수 조직의 본부에 도착한 죄수들은 수색을 받기 위해 검사실로 인도되었다. 카이우스는 특별히 EAT 본부에서 가져온 색안경을 검사관에게 들키지 않으려고 애를 썼다. 하지만 안경을 살핀 검사관은 그것이 단순한 3D 안경이라고 판단한 듯 아무런 트집을 잡지 않았다. 이어서 죄수들은 책상과 학용품들, 칠판이 갖추어져 있는 방으로 옮겨졌다. 병사들이 새로 온 죄수 학생들에게 자리에 앉으라고 명령했다.

두 시간을 기다린 뒤에야 하얀 작업복 차림의 두 남자가 문을 열고 방으로 들어왔다. 두 사람 가운데 한 명이 자기가 분모라는 이름의 교수이며 자기 동료는 분자라는 이름의 지휘관이라고 소개했다.

수업이 이미 늦어지고 있었기 때문에 분모 교수는 더 시간을 낭비하지 않고 즉시 강의를 시작했다.

"제군들은 이미 같은 값을 가진 분수들에 대하여 들은 적이 있다. 이제 내가 제군들에게 모든 분수의 계산을 소개해 주겠다."

"우린 알고 싶지 않아요!"

학교에서 제일 못된 아이들을 흉내 내어 반항적인 말투로 카이우스가 소리쳤다. 그는 뒤로 벌렁 기댄 자세를 하고 껌을 질겅질겅 씹어 댔다.

"당신이 누구라고 생각하는 거죠? 난 당장 여기서 나가고 싶단 말이에요!"

"입 다물어라! 네 이름이 뭐냐?

분자 지휘관이 소리쳤다.

"내 이름은 폭탄이에요. 카이우스 폭탄이라고 해요."

"좋아, 폭탄 군."

분자 지휘관은 카이우스의 행동이 하나도 웃기지 않는다고 생각하는 게 분명했다. 그는 사납게 으르렁거렸다.

"잘 들어라. 어떻게든지 이곳을 떠나고 싶다면 넌 먼저 분수 계산을 배워야 한다. 그렇지 않으면 너 자신이 폭탄을 얻어맞는 신세가 되고 말거야. 알아듣겠나?"

카이우스는 천천히 손을 들어 항복의 뜻을 표했다.

"자, 이제 시작하자."

분모 교수가 설명을 계속했다.

"여기 칠판에 $\frac{1}{5}$과 $\frac{2}{5}$가 있다. 이 분수들을 어떻게 더하는지 아는가? 뺄셈은 어떻게 하지? 제군들은 분수의 계산에 대해 얼마나 알고 있지?"

어떻게든지 죄수들의 꼬투리를 잡아 혼내려고 하는 분자 지휘관의 험상궂은 얼굴을 한 번 쳐다보고 난 뒤, 죄수들은 특별히 심문에 더 협조적인 태도를 보였다.

대답을 기다리는 시간도 아까운지 교수는 계속해서 분수의 덧셈을 설명해 나갔다.

"분모가 같은 분수끼리 더하기 위해서 여러분이 해야 할 일은 다음과 같이 분자를 더하는 것이다."

$$\frac{1}{5} + \frac{2}{5} = \frac{3}{5}$$

분모 교수는 학생들 눈에 매우 노련하게 보였다. 그는 침착하고 분명했다.

"자, 제군들. $\frac{1}{2}$과 $\frac{2}{3}$를 더하려면 어떻게 해야 할까?"

교수가 물었다.

"그 둘은 분모가 다르잖아요!"

첫째 줄에 앉은 죄수가 말했다.

"그렇다. 다음 그림을 보자."

"그림을 보고 제군들은 어느 쪽이 큰지를 비교하여 알아낼 수 있지만 분모가 다르기 때문에 서로 크기가 다른 이 둘을 바로 더할 수는 없다. 그럼에도 불구하고 이 문제를 해결할 방법은 있다. 이제 분수 문제로 되돌아가 보자.

우리는 분모가 다른 두 분수를 가지고 어떻게든 분모가 같게 만든 후에 같은 분모를 가진 분수들을 계산해야 한다. 이건 제군들이 충분히 할 수 있는 문제다."

학생들이 꾸벅꾸벅 졸고 있는 것을 본 분모 교수는 너무 화가 나서 더 고통스러운 심문을 가하기로 마음먹었다.

"2와 3의 공약수가 뭐지?"

교수가 소리를 질렀다.

"구구단 2단과 3단 모두에 포함되는 수 중에서 가장 작은 수가 뭐지? 즉 두 수의 최소공배수가 뭐지?"

자신의 교육 방식이 먹혀들지 않음을 깨닫자 분모 교수는 방법을 바꾸었다. 그는 책상에 올라가 눈에 보이지 않는 마이크를 붙잡고 텔레비전에 나오는 사회자를 흉내 내기 시작했다.

"유리수의 덧셈과 뺄셈을 소개합니다. 수학마법연구소 제공입니다."

> 유리수의 집합은 Q로 나타낸다.
> 자연수의 집합은 Z로 나타낸다.
> Z는 Q에 포함된다.
> Z ⊂ Q

"이제 우리가 공부하고 있었던 미션으로 돌아가자. 분모가 2와 3인 두 분수의 덧셈을 살펴보자."

학생들은 다시 흥미를 느끼기 시작했다. 의자 앞부분에 앉아 목을 빼고 칠판에 설명이 이어지기를 기다렸다.

"2와 3은 소수들이다. 두 수가 모두 소수인 경우 최소공배수는 두 수의 곱이 된다. 따라서 최소공배수는 6이다. 우리가 두 수의 분모를 같게 만들어 문제를 해결하려 한다면 분자와 분모 모두에 같은 수를 곱해야 한다. 이 문제에서 주의해야 할 점은 분모가 6이 나오게 만들어야 한다는 것이다."

이것을 계산하면

$$\frac{1}{2}\text{과 } \frac{2}{3}\text{는 } \frac{1}{2}\times\frac{3}{3}\text{과 } \frac{2}{3}\times\frac{2}{2}$$

결과적으로 $\frac{3}{6}$ 과 $\frac{4}{6}$ 를 얻을 수 있다.

"이제 제군들은 두 분수 $\frac{1}{2}$ 과 $\frac{2}{3}$ 에 대해 다음 사항들을 알아낼 수 있을 것이다."

1. 두 분수 가운데 어느 것이 더 큰 수인가?
2. 두 분수를 더하면?
3. 두 분수의 크기 차이는?

분수의 분모가 다를 경우 분모를 최소공배수로 같게 만들어서 문제를 해결하라.

첫 번째 수업이 끝나고 죄수들은 방으로 이동하여 휴식을 취했다.

다음 날 아침, 편안하게 잠을 잔 죄수들은 안뜰로 나갔다. 마이크를 손에 쥔 무척 활달한 코치가 몇 가지 연습 문제로 운동을 시켰지만 죄수들에게는 별로 효과가 없었다.

1. $\frac{5}{8} + \frac{1}{6} =$

2. $\frac{3}{2} + \frac{5}{9} - \frac{5}{6} =$

3. $1 - \dfrac{19}{24} =$

4. $\dfrac{2}{3} + \dfrac{3}{6} + 9 =$

"자, 여러분! 군살을 뺍시다!"

아침 운동이 끝나고 그들은 식당으로 이동하여 아침 식사를 했다. 그들이 먹은 것은 다음과 같이 불리는 음식이었다.

:: 대분수 ::

"이건 음식의 일종인가요?"

카이우스 앞에 서 있던 죄수가 소리쳤다.

"그렇다!"

카운터 뒤에서 안내원이 대답했다.

"대분수는 따끈따끈한 형태의 분수다! 자연수가 분수에 더해진 것이지."

안내원이 대분수를 내놓으며 덧붙였다.

대분수는 가분수의 전 단계이다.

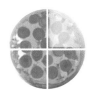

$\frac{7}{4} = \frac{4}{4} + \frac{3}{4} = 1 + \frac{3}{4}$ 또는 $1\frac{3}{4}$, 즉 '자연수 + 분수'이다.

$\frac{8}{3} = \frac{6}{3} + \frac{2}{3} = 2 + \frac{2}{3}$ 또는 $2\frac{2}{3}$

대분수를 맛본 후 카이우스 옆에 있던 깡마른 죄수가 앞으로 나서며 말했다.

"이 감옥의 싸구려 음식은 맛이 그리 나쁘지 않군요. 더 먹어도 될까요?"

순간 아주 잠깐 동안 식당이 흔들렸다. 지진이 일어난 것 같았다. 물건들이 모두 바닥에 나뒹굴었지만 다친 사람은 아무도 없었다. 에어컨을 최고로 세게 켰는데도 실내는 매우 더웠다.

"이번이 오늘의 다섯 번째 지진이다."

안내원이 말했다.

카이우스와 다른 사람들이 출구로 향하는 줄에 서 있을 때 어느 늙은 죄수가 카이우스에게 접은 냅킨 한 장을 조심스럽게 건네주었다. 냅

킨에는 다음과 같이 쓰여 있었다.

경고!
분수의 곱셈과 대분수를 혼동하지 말 것.
자연수 곱하기 분수는 다음과 같다.
$2 \times \frac{2}{3} = \frac{4}{3}$
하지만 자연수에 분수를 더한 가분수는 다음과 같다.
$2\frac{2}{3} = 2 + \frac{2}{3} = \frac{8}{3}$
둘을 혼동한다면 운동할 때 기분이 안 좋을 수도 있음.
추신. 탈출은 꿈도 꾸지 말 것. 그건 불가능하니까!

:: 분수의 곱셈과 나눗셈 ::

이윽고 강의실에서는 다시 심문이 이어졌다. 카이우스는 또 껌을 씹기 시작했고 피곤을 모르는 분모 교수는 강의를 계속했다.

"이제 대분수를 배웠으니 새로운 분수 계산인 곱셈과 나눗셈을 공부해 보자."

"두목님, 어서 가르쳐 주시죠."

한 학생이 농담을 했다.

"두목이라 불러 줘서 고맙네, 야만인 친구."

교수가 얼른 되받았다.

"제군들, 공부를 계속하자. 4와 5를 곱할 때 실제로는 분모가 1인 분수를 곱하는 것이다."

$$\frac{4}{1} \times \frac{5}{1}$$

"그렇다면 분수의 곱셈은 아주 간단해진다."

$$\frac{4}{8} \times \frac{6}{7} = \frac{24}{56}$$

이때 분수를 **기약분수**로 만들어야 한다는 점을 잊지 말아야 한다.

$$\frac{24}{56} \div \frac{8}{8} = \frac{3}{7}$$

"제군들, 이 내용을 공책에 적어 두기 바란다."

분수를 기약분수로 만들기 위해 분자와 분모를 같은 수로 나누어야 하는데 이 수는 분자와 분모의 최대공약수이다.

"위의 예에서 24와 56의 최대공약수는 8이다."

"나눗셈은 어떻게 하죠?"

카이우스가 물었다.

"직감을 이용해라."

$$\frac{4}{1} \div \frac{2}{1} = \frac{4}{1} \times \frac{1}{2} = \frac{4}{2} = 2 \,(\text{기약분수})$$

다른 말로 하면 다음과 같다.

나눗셈을 할 때는 나누는 분수의 분자와 분모를 바꾼 후 곱셈으로 계산하면 된다.

예 ▶ $\frac{4}{6} \div \frac{9}{5} = \frac{4}{6} \times \frac{5}{9} = \frac{20}{54} = \frac{10}{27}$

"이렇게 해서 우리는 작전을 마쳤다. 수고 했다! 이제 아래의 두 문제를 더 보고 다음으로 넘어가자."

교수는 칠판으로 돌아서서 다음과 같이 쓰기 시작했다.

첫 번째 문제,

$\frac{1}{3}$의 $\frac{1}{2}$은 얼마인가? 또는 $\frac{1}{3}$의 절반은 얼마인가?

$\frac{1}{3}$의 $\frac{1}{2}$은 $\frac{1}{3} \times \frac{1}{2}$과 같다.

이 외에 $\frac{5}{3}$의 $\frac{1}{2}$이 얼마인지 또는 $\frac{5}{6}$의 $\frac{4}{3}$가 얼마인지 알기 위해서는 두 분수를 곱하기만 하면 된다.

두 번째 문제,

어떤 수가 다음과 같은 값을 갖는다고 하자.

어떤 수의 $\frac{3}{5}$ = 420미터

이 식은 어떤 사람이 산책로의 $\frac{3}{5}$을 걸었을 때 그 거리가 420미터였다는 것을 나타낸다.

이 산책로의 전체 길이를 계산하려면 어떻게 해야 할까?

먼저 이 산책로의 $\frac{1}{5}$의 값을 알아야 한다.

만약 $\frac{3}{5}$이 $3 \times \frac{1}{5}$ = 420과 같다면 간단히 420을 3으로 나누어 $\frac{1}{5}$을 구한다.

420÷3=140미터

그다음 산책로 전체 길이를 계산하려면 이 순서로 계산해라.

$\frac{5}{5}$는 $5 \times \frac{1}{5}$과 같다.

만약 $\frac{1}{5}$ = 140미터라면

전체 길이는

140×5=700미터가 된다.

∷ 지수와 루트가 있는 분수 ∷

분모 교수는 강의를 끝냈다.

"드디어 거듭제곱이 있는 분수에 대해 배울 차례다. 이 작전은 분자 지휘관이 직접 맡을 것이다."

교수는 강의실 밖에서 기다리고 있던 분자 지휘관을 불렀다. 지휘관은 진지한 표정으로 강의실로 들어와 강의를 시작했다.

"자, 제군들! 분수에 거듭제곱이 있는 경우 어떻게 계산되는지 살펴보자. 이때 분수는 그 자체로 곱해지게 된다. 즉 유리수가 제곱되는 것이다. 제군들도 알다시피 우린 이미 하고 있던 방법대로 계산하면 된다. 다음 예를 보자."

그는 칠판에 다음 내용을 써 나갔다.

$$\left(\frac{2}{9}\right)^2 = \frac{2}{9} \times \frac{2}{9} = \frac{4}{81}$$

$$\left(\frac{32}{345}\right)^0 = 1$$

$$\left(\frac{3}{2}\right)^3 = \frac{3}{2} \times \frac{3}{2} \times \frac{3}{2} = \frac{27}{8}$$

"멋지게 해냈다!"

지휘관이 외쳤다.

"이제 지수와 반대되는 개념인 루트 값 추출 단계로 넘어가자. 다음에 나오는 케이스에서 제군들은 다만 루트 안에 들어가 있는 것이 분모인지 분자인지 아니면 둘 다인지를 점검하면 된다. 그리고 루트 값을 추출하는 것이다. 아! 루트 값을 추출한다는 말은 얼마나 멋진가!"

카이우스는 껌으로 동그랗게 풍선을 만들어 펑 터뜨려서 분자 지휘관을 자극하려고 했다.

"분자와 분모는 그대로 루트 속에 두고 우리가 지휘관 님을 이 행성에서 추출해 내는 건 어떨까요?"

"경고하겠네. 자네가 협조하지 않겠다면 자네는 이곳에서 루트와 같이 정말 좁고 불편한 곳, 독방에 영원히 감금되는 신세를 면치 못할 걸세!"

분자 지휘관이 카이우스에게 다가와 소리쳤다.

"그리고 그놈의 껌을 당장 뱉지 못하겠나?"

카이우스는 억지로 껌을 삼켰다.

분자 지휘관이 설명을 계속했다.

"제군들은 이 루트들을 잘 배워서 처벌을 받지 않는 게 좋을 거야!"

$$\sqrt{\frac{25}{64}} = \sqrt{\frac{5^2}{8^2}} = \frac{5}{8} \qquad\qquad \sqrt[3]{\frac{8}{27}} = \sqrt[3]{\frac{2^3}{3^3}} = \frac{2}{3}$$

$$\sqrt{\frac{25}{64}} = \frac{5}{64} \qquad\qquad \frac{16}{\sqrt{49}} = \frac{16}{7}$$

강의를 마친 분자 지휘관은 교수에게 자신의 마음이 바뀌면 학생들을 모두 지옥 같은 순환 소수의 감옥에 보내 버릴 수 있으니 얼른 강의실로 돌아오라고 말했다.

카이우스 뒤에 앉은 학생이 안도의 한숨을 내쉬며 중얼거렸다.

"겨우 이 강의가 끝나긴 했지만 저 사람들이 다음에는 우리에게 무슨 짓을 할지 두렵군."

마지막 강의가 끝나자 분모 교수는 학생들이 충분한 훈련을 마쳤다고 판단하고 다음 과제에 대해 설명했다.

"자, 제군들. 이제 우린 제군들의 충성심을 시험할 것이다. 제군들은 각자 임무를 맡게 될 것이고 그 임무를 통해서 우리는 전 세계에 걸친 조직의 통제력 향상을 위해 제군들을 사용할 수 있는지 판단하게 될 것이다. 제군들이 임무를 제대로 수행하지 못하는 경우 우린 할 수 없이 제군들을 교육실로 다시 보낼 것이다. 제군들 가운데 이 일을 가장 먼저 맡을 사람은……."

분모 교수는 강의실을 둘러보았다. 모두들 똑바로 앉은 채 바람에 나부끼는 가랑잎처럼 떨고 있었다. EAT 첩보원만 빼고 말이다. 교수는 사나운 표정을 짓고 카이우스 바로 앞에 버티고 서서 그를 내려다보았다.

"폭탄 군, 자네가 가장 다루기 힘들었던 학생이었네. 자네가 뭘 배웠는지 볼까? 나를 따라오게!"

카이우스는 자리에서 일어나 교수의 책상으로 갔다. 책상 위에 '일급 비밀'이라고 쓰인 봉투가 놓여 있었다. 분모 교수는 모두가 보는 앞에서 엄숙한 표정으로 봉투를 뜯었다.

"자, 카이우스. 이것이 자네의 임무일세. 자네는 우리 분수 조직을 위험에 빠뜨리려는 테러리스트 알 에고이스트와 싸우는 일을 도와야 하네."

"그가 무슨 짓을 했죠, 교수님?"

한 학생이 물었다.

"그자가 세계 곳곳에 화학 물질을 살포했는데, 이 화학물질은 음식이나 물건에 대한 욕심을 증가시키네. 그래서 화학 물질 피해자는 음식과 물건을 다른 사람들과 나누는 것을 거부하게 되지."

"우리의 적이로군요!"

카이우스가 비꼬듯 소리쳤다.

"내게 맡겨만 주세요. 그가 어디 있죠?"

"우린 그자를 며칠 전에 붙잡아서 정원에 데려다 놓았다. 지금 가서 그자를 만나게."

"동작도 빠르군요! 멋져요! 내가 할 일은 뭐죠? 그를 혼내 주는 일을 돕고 싶어요!"

"먼저 자네가 우리 편이라는 걸 증명한 다음 직접 그자를 처리하게. 알 에고이스트가 처형을 기다리고 있는 정원으로 가세."

분모 교수는 카이우스가 대답할 기회도 주지 않고 경비병을 불러 총

살 집행자가 지시를 기다리고 있는 곳으로 카이우스를 데리고 갔다. 일
행이 정원에 도착했고 카이우스는 두 손이 등 뒤로 묶인 통통한 사나
이를 보았다. 겁에 질린 사나이의 두 눈은 꼼짝도 않고 서 있는 총살 집
행자 쪽을 향하고 있었다.

첩보원 X의 미션

I

카이우스는 정원에 전체 경비병의 $\frac{2}{3}$가 있으며
그들 중 $\frac{3}{4}$이 무장을 하고 있음을 파악했다.
전체 경비병 중 무장한 경비병의 비율을 분수로 나타내면?
과연 카이우스가 그들을 이길 가능성이 있을까?

II

카이우스는 테러리스트를 데리고 도망갈 수 있는지 따져 보았다.
정원에는 3가지 운송수단이 있었다. 그 가운데 $\frac{1}{8}$은 오토바이,
$\frac{3}{4}$은 자동차였으며 헬리콥터가 2대 있었다.
카이우스가 타고 달아날 수 있는 오토바이의 수는?

>> 정답은 251쪽에.

"이 총을 받게! 이 범죄자를 영원히 제거해 버려!"

분모 교수가 카이우스에게 뭔가를 건네며 명령했다.

"앗!"

교수가 건네준 물건을 보고 카이우스는 깜짝 놀랐다.

"이건 칠판 지우개잖아요!"

"그럼 자넨 어떻게 이 문제를 지워 버리려고 했던 거지? 내 경고하는데, 자네에겐 알 에고이스트를 처리할 기회가 한 번밖에 없으니 허튼 수작은 부리지 않는 게 좋아. 일을 제대로 해내지 못할 경우 넌 심각한 곤경에 빠지고 말 거야."

분모 교수가 손으로 신호를 보내자 경비병들이 발사 준비를 했다.

"이건 미친 짓이에요!"

카이우스가 소리쳤다.

"내가 어떻게 이런 짓을 할 수 있겠어요?"

"조준을 하고 버튼을 누르기만 하면 돼. 어찌 그리도 상상력이 부족한가. 얼른 임무를 수행해."

분모 교수가 대답했다.

카이우스는 칠판 지우개를 쥔 손을 들고 냉정하게 조준을 했다. 테러리스트가 애원하는 눈길로 그를 쳐다보았다. 마침내 알 에고이스트가 자신의 운명을 받아들이고 하늘을 향해 기도를 올릴 때 카이우스는 칠판 지우개의 방향을 얼른 바꾸어 경비병들의 눈에 분필 가루를 날렸다. 경비병들이 우왕좌왕하며 어쩔 줄을 몰라 하는 사이 카이우스는 계획을 실행에 옮겼다.

첩보원 X의 미션

IV

카이우스는 재빨리 테러리스트를 풀어 주면서 따라오라고 손짓했다.
카이우스는 오토바이를 타려고 하다가 자신에게는 운전면허가 없다는
사실을 깨달았다. 알 에고이스트는 자기가 헬리콥터를 조종할 수 있다고 했고
그들은 헬리콥터를 선택했다. 두 사람이 계기판 앞에 앉았을 때
카이우스는 연료가 전체 340리터 가운데서 $\frac{2}{5}$만 남은 것을 발견했다.
현재 연료는 얼마나 남았을까?

>> 정답은 251쪽에.

분수 강의를 들은 적이 없는 테러리스트가 당황하며 물었다.

"그 정도면 충분할까요?"

카이우스가 미처 대답하기도 전에 테러리스트는 또 다른 문제가 있다
고 보고했다. 그들이 있던 곳이 1883년 화산 폭발로 유명한 크라카토아
섬이기 때문에 가능한 빨리 이륙해야 한다는 것이었다. 옛날에 용암이
분출한 이후로 여러 차례의 폭발 때문에 섬의 많은 부분이 파괴되었으
며 언제 또 화산이 폭발할지 모르는 상태였다. 카이우스는 건물이 흔들
리고 식당 바닥이 뜨겁게 달아오르던 일을 기억했다. 이제야 그때 왜 그

랬었는지를 알게 되었다. 그것은 언제 일어날지 모르는 화산 폭발의 징조였다. 둘은 마주보고 고개를 끄덕였고 알 에고이스트는 이륙을 시도했다.

첩보원 X의 미션

V

잠시 후, 알 에고이스트가 말을 이었다.

"내가 듣기로는 화산 폭발로 섬 전체 면적의 $\frac{1}{5}$을 잃었고 남은 부분 중에서 $\frac{3}{4}$은 거주불가능 지역이 되었으며 거주가 가능한 지역은 15제곱킬로미터만이 남았다고 해요. 그럼 섬의 원래 면적은 얼마였을까요?

당시 화산 분출이 정말 무시무시했나 봐요.

그 일로 3만 6,000명이 사망했다는군요."

VI

얼마 후 다른 헬리콥터가 뒤따라오고 있었다.

추격자들은 카이우스와 테러리스트가 탄 헬리콥터를 추락시키려고 했다.

그들은 이미 항로의 $\frac{2}{3}$만큼 간 셈이었다. 항로의 $\frac{1}{8}$이 57미터일 때

그들은 얼마나 멀리 간 것일까?

VII

추적자들을 따돌리기 위해 가능한 모든 방법을 시도했지만

결국 헬리콥터가 중심을 잃기 시작했다.

카이우스가 계기판을 보니 벌써 연료의 $\frac{1}{4}$ 을 써 버린 상태였고

남은 연료의 $\frac{1}{3}$ 은 조금씩 새고 있었다.

1리터당 6킬로미터를 비행할 수 있다는 점을 고려할 때,

그들은 얼마나 더 멀리 날아갈 수 있을까?

>> 정답은 251쪽에.

테러리스트가 절망적으로 외쳤다.

"우린 추락할 거예요! 화산으로 곧장 추락하고 말 거예요! 우린 곧

죽을 거라고요!"

첩보원 X의 미션

VIII

헬리콥터는 화산에 너무 가까워졌고 거의 화산 위로 떨어질 지경이었다.

카이우스는 헬리콥터 밖으로 상자들을 던져버리는 게 낫다는 생각을 해냈다.

첫 번째 상자는 헬리콥터 무게의 $\frac{1}{6}$ 이었고, 두 번째 상자는

첫 번째 상자 무게의 $\frac{1}{3}$ 이었다. 헬리콥터의 무게는 대략 1,800킬로그램이었다.

각 상자의 무게는 얼마나 될까? 그들은 살아남을 수 있을까?

테러리스트는 이제 테러 행위를 그만두게 될까?
다음에 나오는 질문을 놓치지 마라.

>> 정답은 251쪽에.

그들은 겨우 위기를 모면했다. 버린 상자 속에 폭죽이 가득 들어 있었기 때문에 화산에 의해 불이 붙은 폭죽이 불꽃놀이 쇼를 벌이기 시작하여 공중에 멋진 구경거리를 만들어 냈다.

"비밀 첩보원만이 저렇게 조심스러운 방법으로 자신의 도착을 알릴 생각을 해낼 수 있지."

사우 즌드룩스가 헬리콥터를 조종하며 웃었다.

한편 그것은 EAT 멤버들이 행동을 개시할 신호였다. 그들은 카이우스가 가지고 간 무전기의 도움으로 줄곧 카이우스를 추적하고 있었다.

카이우스가 몸수색을 당할 때 자신이 가지고 있던 색안경이 중요한 물건이라는 인상을 주려고 검사관을 속였었지만 정작 중요한 건 껌이었다.

그런데 얼마 전 팀은 카이우스의 흔적을 잃어버리고 말았다. 첩보원 X가 어쩔 수 없이 무전기 껌을 삼켜 버렸기 때문이다.

헬리콥터 안에서 노우잇올이 말했다.

"우린 1시간의 $\frac{3}{4}$이 지나면 카이우스 폭탄 군을 만나게 될 겁니다."

"몇 분 뒤라고요?"

노트러블스가 물었다.

카이우스와 알 에고이스트가 해변에 가까워졌을 무렵 알 에고이스트는 더 이상 헬리콥터를 제어할 수 없게 되어 위험을 무릅쓰고 착륙을 강행했다. 다행히 사고는 없었다. 두 사람은 헬리콥터 밖으로 기어 나와 모래밭에 발을 내딛은 뒤 다시 땅을 밟게 된 것에 감사했다.

카이우스는 구조대를 찾기로 마음먹었다. 그는 헬리콥터에서 지도를 꺼내 자신들의 위치를 계산해 보았다.

첩보원 X의 미션

IX

"만약 지도상의 1센티미터가 $5\frac{1}{4}$킬로미터이고,

우리가 CIA 본부에서 24센티미터 떨어져 있다면 CIA 본부에서

우리가 있는 곳 사이의 거리는 얼마나 될까요? 우린 안전할까요?"

>> 정답은 251쪽에.

에고이스트는 풀썩 주저앉으며 분노를 터뜨렸다.

"안전하기를 바라다니 바보 같군요! 화산을 잊었어요? 화산이 곧 폭

발할 거라고요!"

두 사람이 어떤 행동을 취해야 할지 몰라 침묵을 지키고 있을 때 카이우스가 EAT 멤버들을 발견했다. 알 에고이스트는 헬리콥터 밖으로 누군가가 줄사다리를 던지는 광경을 보고 놀랐다가 잽싸게 뛰어올라 줄사다리를 붙잡고 기어올랐다. 알 에고이스트가 카이우스를 세게 미는 바람에 다리를 다쳤다.

분수 조직이 다시 그들을 따라붙기 시작했다. 카이우스는 줄사다리를 오르다가 분수 조직을 보고 너무 놀라서 그만 손을 놓고 아래로 떨어졌다. 카이우스는 떨어지면서 운동화가 벗겨지려는 순간 잽싸게 끈을 잡고 분수 조직의 헬리콥터를 향해 운동화를 던졌다.

운동화는 헬리콥터의 프로펠러에 맞았다. 프로펠러가 망가지자 분수 조직이 탄 헬리콥터는 중심을 잃고 물속으로 떨어졌다.

카이우스는 매우 높은 곳에서 떨어졌지만 운이 좋았다. 부드러운 모래 덕분에 큰 부상을 입지 않았다. 하지만 떨어진 충격으로 몸이 말을 듣지 않고 몹시 어지러웠다.

"카이우스 폭탄!"

노트러블스가 헬리콥터에서 소리쳤다.

"당신을 구하러 왔어요."

"이제 어쩔 수 없어요! 시간이 없어요! 섬이 곧 폭발할 겁니다. 보세요!"

사우 즌드룩스가 외쳤다.

화산이 시꺼먼 연기를 뿜기 시작했고 섬이 심하게 흔들렸다. EAT 멤버들은 어쩔 수 없이 도망쳐야만 했다.

거대한 폭발이 일어나면서 온 사방으로 용암이 분출하기 시작했다. 노우잇올 박사는 카이우스를 찾으려고 폭발을 견뎌낸 부분을 살폈다. 몇 시간을 살핀 끝에 그가 하늘을 바라보며 한숨을 쉬었다.

"결국……. 카이우스는 우주 공간으로 사라져 버린 게 틀림없습니다."

박사가 훌쩍거렸다.

모두들 카이우스와 같이 용감한 젊은이를 잃어버리게 되어 심한 충격을 받고 마음 아파했다.

"보세요! 분수 일당이 허우적거리고 있어요. 녀석들을 끝장내자고요!"

노트러블스는 분해서 복수를 하려는 것이 분명했다. 알 에고이스트가 그녀를 말렸다.

"그냥 내버려 둡시다. 저 녀석들 잘못도 아니에요."

후회스러운지 머리를 숙이며 그가 말했다.

"생각해 보면 그들이 그렇게 나쁘지만은 않아요. 내가 공포에 질려 나 자신을 구할 엄두도 못 냈을 때 CIA 강의를 들은 카이우스는 문제를 해결할 수 있었어요. 저자들은 다만 우리에게 나누는 방법을 가르쳐 주려고 했을 뿐이에요. 어쩌면 분수 조직은 오해를 받고 있는지도 몰라요."

"그렇소! 이번 임무는 처음부터 절대적으로 불가능한 것이었습니다."

사우 즌드룩스가 결론을 내렸다.

우주 공간에서 소수 격파하기

"우주 공간. 이곳이 당신의 마지막 영역이 아닐까요? 이 이야기는 우주선 엔터매스의 항해에 관한 것입니다. 우리는 새롭고 신비로운 세계, 인간이 가 본 적 없는 세계를 탐험하고자 하는 대담하고 역사적인 임무를 맡고 있습니다. 대양의 경계를 넘고 당신의 머릿속에 있는 우주의 경계를 넘으면……. 아, 우주선이 저기 있습니다! 당신의 시스템과 당신의 왕국과 당신의 방 바깥에…….

마지막 영역, 소수점! 즉 분수의 형태 너머에 있는 유리수의 또 다른 형태인 소수점!

우리는 용기를 내서 소수점 너머에 있는 미지의 세계를 탐험할 것입니다. 누구든지 이곳을 두려워하지만 도망칠 수는 없습니다. 언젠가 상상조차 할 수 없는 힘이 우리를 꿀꺽 삼켜버릴 것입니다.

당신은 우리의 우주선을 탈 준비가 되어 있습니까?"

카이우스는 눈을 떴고 목소리는 계속되었다.

"이 우주선에는 두 종류의 조종사들이 있습니다."

목소리가 어디에서 나는지는 알 수 없었다.

"지금부터 간단한 시험을 친 뒤, 당신이 얻은 점수에 따라 당신이 어떤 조종사가 될지 그리고 당신의 새 별명이 무엇이 될지 결정될 것입니다."

잠시 휴식을 취할 새도 없이 카이우스는 또다시 알 수 없는 힘에 빨려 들어갔다.

곧 카이우스는 공중에 떠 있는 의자에 앉았고 앞에는 홀로그램으로 가득한 계기판이 있었다. 정면에 있는 거대한 360도 화면에는 행성들의 3D 영상이 굉장한 속도로 움직이고 있었다. 목소리가 다시 계속되었다.

"당신이 조종사가 되기 위해서는 탈출이나 적의 공격 등 비상시에 재빨리 대처하는 조종 능력을 지녔는지 증명해야만 합니다.

시험은 당신 앞에 있는 레이저 펜으로 이 분수들이 다른 우주인의 형태, 즉 소수점으로 바뀔 때까지 변형시키는 것입니다."

화면이 갑자기 바뀌었다. 이제 행성들 대신 분수들이 둥둥 떠다니는 영상이 펼쳐졌다.

$$\frac{1}{10} = 0.1 \qquad \frac{3}{10} = 0.3$$

$$\frac{1}{100} = 0.01 \qquad \frac{31}{100} = 0.31$$

$$\frac{1}{1000} = 0.001 \qquad \frac{451}{1000} = 0.451$$

"이 분수들이 어떻게 변형되는지 다음 보기를 보십시오."

$$\frac{18}{10} = \frac{10+8}{10} = \frac{10}{10} + \frac{8}{10} = 1 + \frac{8}{10} = 1\frac{8}{10} = 1.8$$

$$\frac{247}{100} = \frac{200+47}{100} = \frac{200}{100} + \frac{47}{100} = 2 + \frac{47}{100} = 2\frac{47}{100} = 2.47$$

"좋습니다! 이제 모의 공격 연습을 시작하기 전에 마지막으로 한 마디만 더 하겠습니다. 점수는 2,000점부터 시작할 것입니다. 공격을 한 번 성공시킬 때마다 150점을 얻고 실수를 하거나 상황을 이탈하여 승무원들을 위험에 빠뜨릴 경우 100점을 잃습니다. 분수를 소수로 변형시키는 것을 잊지 마시기 바랍니다."

카이우스가 화면을 보니 분수들이 빠르게 움직이면서 자신을 포위하고 있었다. 그는 비디오게임을 하는 것처럼 재빠르게 대응했다.

$$\frac{5}{25} = \qquad \frac{7}{100} = \qquad \frac{345}{300} = \qquad \frac{23}{25} =$$

$$\frac{43}{100} = \qquad \frac{6451}{1000} = \qquad \frac{15}{300} =$$

$$\frac{92}{10} = \qquad 2\frac{3}{5} = \qquad$$

$$\frac{17}{1000} = \qquad \frac{132}{8} =$$

시뮬레이션 종료 : 점수 확인하기.

2,400점 이상:

당신은 빠른 대처 능력과 뛰어난 기계 조작 능력을 가졌습니다. 당신의 승무원들은 모두 안전하며 당신은 전문적인 우주선 조종사가 될 수 있습니다. 당신의 별명은 미스터 소쿨입니다.

2,400점 미만:

조심하십시오! 당신의 점수가 2,400점 미만이라면 당신은 큰 실수를 몇 번 저질렀습니다. 분수들과 정면충돌하거나 분수들을 변형시키는 데 시간을 너무 오래 끌었기 때문에 승무원들을 여러 번 위험에 빠뜨린 것입니다. 당신은 겟오브라고 불릴 것입니다.

화면이 저절로 꺼지면서 또 목소리가 들렸다.

"알려드립니다! 우리는 새로운 임무를 수행할 것입니다. 시동을 거십시오. 방향은 무한대입니다. 당신의 옷은 참 멋지군요. 하지만 우리의 제복을 한 번 입어 보지 않으시겠습니까?"

이제 또 무슨 일이 일어나려는가? 카이우스는 어떤 조종사가 될 것인가?

"무슨 임무지? 그리고 이 옷은 어떻게 입는 거지?"

목소리의 주인공이 누구일지 궁금해하며 카이우스는 소리쳤다.

∷ 소수 읽기 ∷

우주선 엔터매스 호의 은하계 항공 일지. 나 잼 킥 선장과 우주선 지휘 본부의 승무원들은 또 다른 임무를 수행 중. 이것은 우리의 뇌에 발생한 새로운 문제인 소수점을 연구하기 위한 한계를 뛰어넘는 항해다! 우리는 이 임무를 통해 지식으로 뇌의 빈 공간을 채우려는 목표를 달성하고자 한다.

"거의 다 왔다, 소쿨 군. 좌표를 기록하고 우리를 소수점으로 안내하게."

잼 킥 선장이 명령했다. 선장은 달과 별들의 세계에 살면서 승무원들의 도움을 받지 않고는 아무 일도 해내지 못하는 사람이었다.

"좌표에 나타난 첫 번째 세 자리는 소수점 왼쪽의 자연수를 나타내고 다른 세 자리는 소수점 오른쪽을 분수화한 수를 나타냅니다. 소수점이 이제 화면에 나타났습니다, 선장님."

카이우스 소쿨이 말했다.

일본인의 후예인 소쿨은 부선장이었으며 겟오브와 함께 우주선을 조종하고 있었다. 겟오브는 러시아인 일등항해사이며 아직 소쿨만큼

경력을 쌓지는 못했기 때문에 가끔 실수를 하면서도 열심히 배우는 중이었다.

"소수점의 법칙을 분석하겠습니다. 선장님."

익스플레인이 보고했다.

익스플레인은 승무원 중에서 유일한 외계인이었다. 과학 장교인 그는 반은 유캔인이고 반은 인간이었다. 유캔 행성의 주민들은 자신들이 감정을 완전히 통제할 수 있다는 점과 고도로 진화된 논리 감각을 가지고 있는 점을 자랑으로 여겼다. 유캔인들은 인내심이 매우 강하여 문제에 직면했을 때 결코 포기하는 일이 없었다.

"소수점 숫자를 읽는 법을 배웁시다."

익스플레인이 덧붙였다.

1.7은 일 점 칠

2.23은 이 점 이삼

"정말 멋져요."

익스플레인이 계속했다. 그는 사람들이 게으르게 행동했을 때를 제외한다면 거의 모든 일에 이 표현을 사용하기를 좋아했다.

:: 소수의 덧셈과 뺄셈 ::

"소수가 어떻게 처신하는지 보세. 덧셈을 시작하게, 소쿨 군."

선장이 시선을 화면에 고정시킨 채 떡 버티고 서서 명령했다.

"덧셈입니다. 화면을 보세요. 선장님."

$$5+2.34 = \begin{array}{r} 5.00 \\ +\ 2.34 \\ \hline 7.34 \end{array}$$

"다른 걸로 해 보게."

"알겠습니다, 선장님!"

$$6.45+4.8 = \begin{array}{r} 6.45 \\ +\ 4.80 \\ \hline 11.25 \end{array}$$

"익스플레인 군, 분석해 보게."

선장이 요구했다.

"소수점을 기준으로 같은 자리에 있는 수끼리 더하는 겁니다. 필요한 자리에 0을 써 주는 것을 잊지 말아야 합니다, 선장님."

"훌륭하군. 이제 다른 계산으로 넘어가세. 소수점을 가진 숫자의 뺄셈 말일세, 소쿨 군."

선장이 말했다.

"뺄셈을 시작했습니다. 화면에 나타나고 있습니다, 선장님."

$$4 - 2.34 = 4.00 \qquad 6.45 - 4.8 = 6.45$$
$$\underline{ - 2.34} \qquad \underline{ - 4.80}$$
$$1.66 \qquad\qquad 1.65$$

"익스플레인 군, 설명해 보게."

선장은 어떻게 계산되었는지 알면서도 확인삼아 명령했다.

"특별히 설명할 것도 없습니다, 선장님. 뺄셈 분석은 매우 만족스럽습니다. 덧셈 분석과 비슷하거든요."

:: 소수의 곱셈 ::

"이제 우리가 가지고 있는 소수점의 능력을 곱해 보세. 나는 이 작전의 결과를 확인하고 싶네. 소수점이 얼마나 멀리 갈 수 있는지 보고 싶어."

잼 킥 선장은 호기심이 매우 강해서 새로운 주제를 연구하는 과정에서 발생할지도 모르는 어떤 일도 기꺼이 받아들일 만한 사람이었다. 그럼에도 불구하고 그는 항상 우주선의 안전 수칙을 염두에 두곤 했다. 엔터매스 호는 광속을 표시하기 위해 와프라고 불리는 측정 기준을 사용하고 있었다.

"곱하고 있습니다, 선장님. 2를 곱해 보겠습니다."

카이우스 소쿨이 말했다.

"화면에 나타나고 있습니다."

소수점 아래 두 자리 수
```
   2.34
×     2
   4.68
```
답 또한 소수점 아래 두 자리 수

"이제 3.45와프를 곱해 보게."

선장이 요구했다.

소수점 아래 두 자리 수
```
   2.34
×  3.45
   1170
    936
   702
 8.0730
```
답은 소수점 아래 네 자리 수

"곱하는 숫자들의 소수점 뒤 자리수를 더해 주면 답이 소수점 몇째 자리까지 가는지 알 수 있습니다."

익스플레인이 객관적인 관찰의 결과를 보고하는 가운데 나머지 승무원들은 소수점이 왼쪽으로 멋지게 이동하는 것을 놀란 눈으로 바라보았다.

그때 카이우스 소쿨이 소리를 지르기 시작했다.

"선장님, 소수점이 통제력을 잃었습니다. 곱하기를 멈추지 않아요."

"우후라 양! 우주선 통신 채널을 열고 승무원들에게 알리게. 비상사태 발생!"

자리에서 결코 움직이지 않고 손만 들곤 하는 통신 장교에게 선장이 명령했다.

"우린 곧 추락할 거예요!"

소쿨이 외쳤다.

"후진, 후진!"

"이건 우주선이야, 겟아웃 군!"

경험 많은 조종사가 겟오브에게 소리쳤다.

"난 겟아웃이 아니라 겟오브요! 그리고 우주선의 후진에 대해 들어보지도 못한 모양이죠? 안전벨트는 왜 있겠어요? 우리가 늘 곤두박질치곤 하는 것을 알지 못하나요?"

"조용히 해!"

선장이 명령했다.

"무기를 대기시켜. 곱셈과 반대인 계산법, 나눗셈 말일세. 발사!"

"나눗셈이 지금 목표물을 공격하고 있습니다, 선장님!"

소쿨이 보고했다.

그 와중에도 익스플레인이 설명을 시작했다.

"지금 우린 소수점 다음에 무한히 많은 ○을 갖고 있습니다. 우린 이 것을 이용할 수 있습니다."

예 ▶ 12 는 12.00 또는 12.000 또는 12.0000000000 과 같다.

"그럼 ○을 사용해서 1을 5로 나누어 봅시다. 우리가 1을 5로 나누려 면……"

"이런! 나누는 수가 망가진 것 같군. 군의관을 불러오게. 맥퀘크 박사 를 데려와!"

선장이 명령했다.

응급 사태를 대비하여 항시 대기 중이었던 맥퀘크 박사는 승무원 가 운데 나이가 제일 많은 사람으로 이런저런 실수에 대해 단단히 준비하 고 있었다.

지휘 본부에 도착한 박사는 곧장 문제를 진단하는 장치로 가서 실수를 해결하고자 노력했다. 지휘 본부에 나타날 때마다 그는 두통을 예방하기 위해 승무원들에게 약을 주곤 했다. 승무원들은 위급한 순간에 꼭 필요한 존재들이기 때문이었다.

"됐소! 실수를 고치고 약도 먹였습니다. 하지만 제발 부탁입니다, 익스플레인 군. 다음에 나눗셈 설명을 할 때에는 내 충고를 따라 주시오. 이 물약을 묽게 해서 조금씩 마셔야 해요. 점차적으로 물약을 투약해야지 안 그러면 우린 심각한 문제에 부딪치고 말거요."

익스플레인은 의사의 명령을 듣고 나서 설명을 계속했다.

"여러분, 다음 나눗셈을 보시죠."

$$1.0 \div 5 = \quad \begin{array}{r} 0.2 \\ 5\overline{\smash{)}1.0} \\ \underline{0} \\ 10 \\ \underline{10} \\ 0 \end{array}$$

0.2는 $\frac{2}{10}$와 같다.

$$361 \div 100 = $$

$$
\begin{array}{r}
3.61 \\
100 \overline{\smash{)}361.00} \\
300 \\
\hline
610 \\
600 \\
\hline
100 \\
100 \\
\hline
0
\end{array}
$$

"다 끝났습니다, 선장님."

소쿨이 보고했다.

"아닙니다, 소쿨 씨."

익스플레인이 끼어들었다.

"소수점에 대한 우리의 무기인 나눗셈의 효과에 관해 설명할 내용이 남아 있습니다."

"익스플레인 군, 계속해 보게."

호기심을 느낀 선장이 말했다.

"자네가 관찰한 내용이 뭐지?"

"우선 화면에 이런 형태의 나눗셈이 보인다면……."

$$0.002 \overline{\smash{)}3.6}$$

"다음과 같이 0을 집어넣어서 나누는수와 나누어지는 수가 소수점 아래 같은 자릿수를 갖도록 맞춰야 합니다."

$$0.002 \overline{)3.600}$$

"그 다음 소수점이 완전히 사라질 때까지 나누는수와 나누어지는 수 양쪽에 10을 계속 곱해야 합니다."

$$3.600 \times 10 = 36.00 \rightarrow 36.00 \times 10 = 360.0 \rightarrow 360.0 \times 10 = 3600$$
$$0.002 \times 10 = 0.02 \rightarrow 0.02 \times 10 = 0.2 \quad\rightarrow 0.2 \times 10 = 2$$

"이 예에서는 소수점을 없애기 위해 나누는수와 나누어지는 수에 10을 세 번 곱해야 합니다. 물론 10을 세 번 곱한 수인 1,000을 한 번만 곱해서 같은 결과를 얻을 수도 있습니다.
  이제 나누기가 얼마나 쉬워지는지 보시죠."

$$2 \overline{)3600}$$

"보시다시피 이런 수술에서는……."
익스플레인 군이 설명을 계속하려 했다.

"잠깐!"

박사가 불만을 표시했다.

"여기서 수술을 할 수 있는 사람은 나뿐이오."

"죄송합니다, 박사님. 전 이걸 반드시 설명해야 하거든요!"

익스플레인이 말했다.

"왜요? 그게 미래의 안전에 대단히 중요한 뭐라도 된다는 거요?"

"그럴 가능성도 있지만, 그보다는 이게 소쿨(So cool)하기 때문입니다."

"누가 절 불렀나요?"

소쿨이 물었다.

"익스플레인!"

얼른 다음으로 넘어가기를 바라는 듯 선장이 얼굴을 찌푸리며 말했다.

"자네가 관찰한 다른 내용이 있는가?"

"예, 선장님. 그게 그러니까……."

"익스플레인 군, 그게 뭐요? 무슨 문제라도 있소?"

당장 누군가를 수술해야겠다는 조급한 표정으로 맥퀘크 박사가 물었다.

"그게 그러니까……."

익스플레인은 매우 불안하고 초조한 표정이었다.

"계속해 보라니까, 익스플레인 군!"

선장이 재촉했다.

"난 기다리는 걸 못 견딘단 말이야."

"이를테면 5를 3으로 나눈다거나 7을 9로 나눌 경우 소수점 오른쪽에 이상한 현상이 벌어지는 것 같습니다. 화면을 보십시오, 선장님."

```
        1.666 …              0.777 …
    3 ) 5.000           9 ) 7.000
        3                    0
        20                   70
        18                   63
        20                   70
        18                   63
        20                   70
```

"이런! 이게 뭐죠?"

소수점 다음에 끝도 없이 나타나는 수를 보고 겟오브가 물었다.

"익스플레인 군, 설명해 보게."

선장이 명령했다.

"우리를 끌어들이는 블랙홀 같습니다만……."

"소쿨 군, 빛 미사일을 블랙홀에 발사하게. 겟오브 군, 위험에 빠진 우리를 구해 내게. 발사!"

총사령관이 발사 명령을 내렸지만 사태는 더 나빠질 뿐이었다. 겟오브가 계속 후진하려고 애를 썼지만 우주선은 천천히 블랙홀로 빠져들고 있었다.

앞으로 승무원들에게 무슨 일이 일어날까?

순환 소수 블랙홀 탈출하기

우주 공간에는 모든 것, 심지어 빛까지 끌어당기고 빨아들이는 자연 현상이 일어나고 있다. 이 현상은 우주 공간에 있어 일종의 결함이라 할 수 있으며 여기에는 빛도 없고 끝도 없다. 어쩌면 여러분은 순환 소수라는 이름으로 이곳에 대해 들어 보았을지도 모른다.

앞서 우리의 승무원들이 빨려 들어간 곳이 바로 이 블랙홀이다. 잼 킥 선장은 자기가 겪은 흥미진진한 모험담을 들려주어 승무원들의 사기를 높이려고 노력했다. 하지만 이야기가 점점 길어짐에 따라 승무원들은 하나 둘 졸음에 빠졌다.

인간이 아닌 익스플레인만이 유일하게 똑바로 서 있었다. 이야기가 도무지 끝날 기미가 보이지 않자 익스플레인은 블랙홀에 대해 알아보기로 마음먹었다.

그는 이전에 이런 현상을 겪은 다른 우주선들의 기록을 찾아냈다. 그 기록에는 블랙홀이 순환 소수라는 이름으로 불린다고 나와 있었다. 익스플레인이 자료에 몰두해 있을 때 겟오브가 자제력을 잃고 그를 방해했다.

"선장님, 이곳을 빠져나가긴 어렵겠죠? 우린 이런 일은 감당할 수 없어요. 이제 끝장이에요. 난 집으로 가고 싶어요! 엄마!"

겟오브가 훌쩍거렸다.

"진정하게, 겟오브 군!"

잼 킥 선장이 버럭 소리를 질렀다.

"우린 빠져나갈 수 있을 거야! 익스플레인 군, 뭐라고 말 좀 해 보게!"

선장은 자신이 사랑해 마지않는 우주선을 시커먼 암흑의 공간에서 잃어버릴지도 모른다는 불안감을 내보이고 싶지 않았다.

"선장님. 제 생각에는 이 현상은 공포감을 먹고 사는 것 같습니다."

"공포감이라고요?"

카이우스 소쿨이 놀라서 숨을 들이켰다.

"그래요. 알지 못하는 것에 대한 두려움 말입니다, 소쿨 씨."

익스플레인이 덧붙였다.

"그건 암흑과 같아요. 그러니까 뭔가가 부족하기 때문인데……. 무지의 중력이라고 할까요? 우리가 얻을 결론은 우리가 더 연구하면 할수록 블랙홀 속으로 더 깊이 빠져들 거라는 겁니다. 하지만 상황이 그렇다면 우린 암흑의 세계를 건너서 마침내는 맑고 푸른 세계에 도달할 수 있을 겁니다. 순환 소수는 간단히 말하자면 끝이 없는 숫자지만 제 연구를 통해서 빠져나갈 구멍을 찾을 수 있습니다. 순환 소수에는 다음과 같은 두 집단이 있습니다."

"당신의 말투가 맘에 쏙 들어요. 정말 우아하고 멋져요!"

통신 장교 우후라가 즐거워했다.

익스플레인은 한쪽 눈썹을 추켜세웠다. 그에게는 우후라의 칭찬이 어리석기 짝이 없는 것으로 여겨졌다.

"예를 봅시다."

익스플레인이 설명을 계속했다.

1. 0.666…

2. 0.454545…

3. 3.431431…

소수점 아래의 모든 숫자가 규칙성을 이루며 반복된다.

D. 0.3555…

E. 6.427777…

F. 2.658585858…

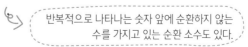

반복적으로 나타나는 숫자 앞에 순환하지 않는 수를 가지고 있는 순환 소수도 있다.

"잘 보세요! 순환 소수는 이렇게 나타낼 수 있습니다."

$$0.\dot{6}$$

"무슨 일이 일어나고 있죠? 우린 꼼짝없이 갇힌 건가요?"

소쿨이 물었다.

"제발 좀 진정하게."

선장이 말했다.

"설명을 들어보세."

익스플레인이 연극을 하듯이 설명을 계속했다.

"$0.\dot{6}$이라는 소수는 다음에서 보는 것처럼 분수의 형태로도 나타낼 수 있죠."

$$\frac{6}{10} = 0.6$$

이것은 실제로 0.60 이나 0.600

또는 0.600000000000000000000과 같다.

"그럼에도 불구하고 우린 계산에 아무런 영향을 미치지 않는 이 수많은 0을 무시해도 됩니다. 그리고 $0.666\cdots$은 실제로 0.7과 0.6 사이에 존재하는 수입니다."

"그런 복잡한 건 다 무시하고 그냥 반올림하면 안 될까요?"

겟오브가 제안했다.

"그게 별로 좋지 않은 경우가 있습니다."

익스플레인이 지적했다.

"당신이 우주 자동차에 기름을 넣으려고 주유소에 갔을 때 최고 수준으로 재활용된 고급 휘발유가 1리터당 0.666센트라면 당신은 반올림하고 싶겠어요?"

겟오브는 한마디도 하지 못했다.

"돈을 낭비하고 싶다면 그래도 되겠죠."

익스플레인이 말했다.

"그러니까 게으름 피우지 말고 계속합시다."

블랙홀의 입구에서부터 익스플레인의 행동이 좀 이상했다. 물론 그가 그렇게 보인 것은 그의 초록색 피부와 찢어진 눈 그리고 오렌지색 머리카락 때문일 수도 있지만……

0.6666…으로 돌아가 예를 하나 살펴봅시다."

$$\frac{6}{10} = 0.6$$

그런데 실은 $\frac{6}{9}$이 우리가 잘 알고 있는 0.6666…입니다.

"우리에게 0.454545… 같은 소수가 있을 때 이 숫자는 $\frac{45}{100}$ 와 같은 값인 0.45에 가깝습니다. $\frac{45}{99}$를 계산해 보세요."

"3.431의 경우는 어떨까요?"

이것은 $3 + \dfrac{431}{1000}$ 과 같습니다.

$3 + \dfrac{431}{999}$ 은 어떨까요?

제가 이 문제를 푸는 걸 도와드리죠.

이건 $3.431431\cdots$ 과 같습니다.

> 결론적으로 우린 주기를 가지고 있는 소수를 분수로 바꿀 수 있습니다.
> 분자는 순환하는, 즉 주기적으로 반복해서 나타나는 숫자이고
> 분모는 순환하는 숫자들의 개수만큼 9를 써 주면 됩니다.

"분수의 형태라면 여러분은 무엇이든지 다 계산할 수 있습니다. 이런 분수를 통해 쉽게 블랙홀을 탈출할 수 있죠."

"음! 순환 소수는 결국 평범한 분수일 뿐이군요."

우후라가 이렇게 말하자 과학 장교는 몹시 약이 올랐다.

"그렇다면 소수점 바로 뒤에 나오는 순환하지 않는 수들은 어떻게 해야 되는 거죠, 익스플레인 군?"

긴장된 분위기를 누그러뜨리려고 애쓰며 소쿨이 물었다.

"좋은 질문입니다. 몇 가지 예를 봅시다."

$$0.42\dot{7} \qquad \frac{427-42}{900} = \frac{385}{900} = \frac{77}{180}$$

반복되는 수가 하나일 때 : 분모에 9 한 개

반복되지 않는 수가 둘일 때 : 분모에 0 두 개

일부만 순환하는 순환 소수를 분수로 바꿀 경우 분자는 소수점 아래 수에서 순환하지 않는 수를 뺀 수로 이루어진다.

다른 예를 살펴보자.

$$3.2\dot{7}\dot{5} \qquad 3 + \frac{275-2}{990} = 3 + \frac{273}{990} = 3 + \frac{91}{330}$$

반복되는 수가 둘일 때 : 분모에 9 두 개

반복되지 않는 수가 하나일 때 : 분모에 0 한 개

"그렇다면 기다릴 게 없지 않은가. 우리를 가로막는 것에 대항해서 우리의 에너지를 사용해 보게."

선장이 제의했다.

"알겠습니다, 선장님!"

익스플레인이 말했다.

"우리는 탈출하기 위해 순환 소수들을 소수점 아래 부분에서 순환하지 않는 부분이 있는지 없는지에 따라 분류해야 합니다. 그리고 이 순환 소수들을 분수로 바꿔야 합니다. 그럼 다음 문제로 연습해 보죠.

$0.444\cdots =$

$0.2828\cdots =$

$3.454545\cdots =$

$23.605252\cdots =$

$4.023023\cdots =$

$2.573573\cdots =$

$0.888\cdots =$

$1.722\cdots =$

"이제, 다음 식을 풀어봅시다."

$$\sqrt{\dfrac{(0.6 \div 0.06) \div 0.05^2}{1000}} \ =$$

"마침내 우린 돌파구를 찾은 것 같습니다, 선장님."

박사가 웃으며 말했다.

"그랬으면 좋겠소, 박사!"

선장은 곧 새로운 명령을 내렸다.

"우후라 양, 기관장과 통신을 연결해 주게. 스카치 기관장과 할 얘기가 있네."

"채널이 열렸습니다, 선장님."

"스카치, 우주선을 이 구멍에서 좀 꺼내 주게. 우주선 프로펠러를 작동시켜서 이제 그만 집으로 돌아가세. 스카치? 이건 명령이야. 프로펠러를 작동시키라니까! 스카치, 스카치!"

"선장님!"

과학 장교가 어색하게 선장을 불렀다.

"제가 실수를 저지른 모양입니다."

모두들 절대로 실수를 해서는 안 되는 직책인 과학 장교를 바라보았다.

"그게 뭔가, 익스플레인 군?"

몹시 걱정스런 표정으로 선장이 물었다.

"방금 발견한 사항인데 제가 스카치 기관장에게 물약을 너무 많이 줬나 봅니다."

"그게 무슨 뜻인가?"

선장이 힘없는 목소리로 물었다.

맥퀘크 박사가 선장에게 다가와 어깨를 두드리며 말했다.

"그게 말입니다, 선장님. 익스플레인 군이 물약을 너무 많이 먹여서

스카치 군이 취한 게 분명합니다. 난 우주선 엔진에 대해 아는 게 아무것도 없지만 기관장이 물약에 취한 것 같으니까 우린 기다릴 수밖에 없습니다. 선장님도 조금 마셔 보시겠습니까?"

"선장님!"

우후라가 당황하여 눈을 똥그랗게 뜨고 선장을 불렀다.

"선장님의 조타수 가운데 우리 제복을 입지 않겠다고 거절했던 그 귀여운 모자를 쓴 사람이 사라졌습니다."

잼 킥 선장은 화가 잔뜩 나서 손으로 얼굴을 가린 채 앞에 있는 것들을 마구 걷어차기 시작했다. 잠시 후 그가 소리쳤다.

"대체 일이 어떻게 돌아가고 있는 거지? 그자는 해고야!"

늘 그랬듯이 선장의 말을 잘못 이해한 겟오브가 사방에 미사일을 쏘기 시작했다.

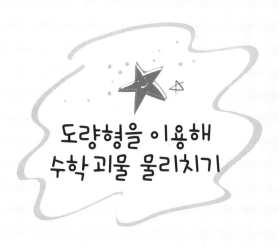

도량형을 이용해
수학 괴물 물리치기

천둥 번개가 심하게 치고 비가 쏟아지는 무서운 밤이었다. 호화로운 자동차 한 대가 텅 빈 도로를 따라 달리다가 한 저택 앞에서 멈췄다. 한 남자가 차에서 내리더니 승객을 위해 우아한 동작으로 차 문을 열어 주었다. 승객은 긴 초록색 드레스를 입은 아름답고 품위 있는 여자였다. 그녀와 함께 온 남자는 갈색 머리였으며, 안경테에 반짝거리는 보석이 박힌 선글라스를 끼고 검정 턱시도를 입고 있었다.

그들이 저택 안으로 들어서자 대기 중이던 하인이 즉시 두 사람을 무도장으로 안내했다. 파티가 한창 무르익어 가는 중이었고 무도장은 멋지게 차려입은 손님들로 북적거렸다. 손님들은 대부분 록 밴드가 연주

하는 음악에 맞추어 춤을 추고 있었다. 두 사람을 맞이한 남자는 큰 키에 눈이 밝은 초록색이고 대머리인 남자였다.

"디바, 보리스! 광고 사업은 잘 되어 가나요?"

"일이 넘치고 있어요, R. H. 지금 캠페인을 벌이는 중인데 여기 계신 우리 모델 님의 인기가 점점 높아지고 있어요. 다행히 이분은 자신의 매력을 매우 효과적으로 사용할 줄 안답니다. 당신 일은 어떤가요?"

"요즘 한창 벌어지고 있는 폭력 사건에 대처하느라고 정신이 없어요. 난 점심도 못 먹고 종일 법정에서 지냅니다. 의뢰인들 대부분이 범행 중에 잡힌 범죄자들 또는 살인자들이에요. 환경 문제나 보건 문제 소송과 관련된 회사들의 일도 맡고 있죠. 우리 법률 회사는 의뢰인이 혐의를 벗도록 돕는 일을 잘 처리하고 있어요. 물론 우린 경범죄나 절도 행위, 부당하게 체포당한 일들을 통해서는 큰돈을 벌지 못합니다. 아무튼 지금은 모든 일이 매우 순조로워요."

"그렇군요!"

보리스가 말했다.

"당신은 여전히 큰돈을 벌고 있죠? 오래된 물건들에 새 이름이나 상표를 붙여 팔면서 사람들을 흥분하게 만드는 법을 당신같이 잘 아는 사람은 없을 겁니다. 사람들은 그 끔찍한 물건을 사기 위해 무슨 짓이든 할 거예요. 당신은 정말 타고난 재주를 가졌어요."

"R. H. 당신이 조만간 우리와 함께 저녁 식사를 할 시간을 낼 수 있었으면 좋겠군요. 우리는 이제야 런던에 있는 성을 팔았답니다."

디바가 말했다.

"시간을 내겠어요! 점심을 먹을 시간은 거의 없지만 저녁은 꼭 먹어야죠. 난 항상 저녁을 푸짐하게 먹고 밤에는 편안하게 쉽니다. 하루를 돌아보는 시간도 가지면서요."

"하루를 돌아본다! 거 참 멋지군요."

보리스가 웃으며 말했다.

"어쨌거나 편안하게 즐기세요."

그는 머리 숙여 인사하고 북적거리는 사람들에게로 갔다.

파티가 한창 진행되고 있을 때, 갑자기 천장에 파란 구름이 나타나더니 요란한 천둥소리가 저택에 울려 퍼졌다. 구름이 회오리바람 같은 것으로 변해서 무도장 한복판에 누군가를 떨어뜨려 놓았지만 모두들 아무 일 없다는 듯 신나게 춤을 추었다.

구름이 사라지고 카이우스가 바닥에서 일어서서 바로 옆에 있던 변호사 R. H.의 도움을 받아 옷매무새를 가다듬었다.

"불청객이 또 한 명 나타났나 보군. 놀랍게도 저런 아마추어들은 어떻게 하면 요란 떨지 않고 파티장에 나타날 수 있는지 전혀 알지 못한다니까."

한 웨이터가 비웃었다.

"젊은이, 자네에겐 훈련이 더 필요한 것 같군."

R. H.가 카이우스에게 말했다.

"다음엔 제발 문을 사용하게. 우린 너무 이상하게 보이고 싶지는 않거든. 안 그런가? 내 소개를 하겠네. 난 R. H. 마이너스라고 하네. 자넨 누구지?"

R. H.는 카이우스와 악수를 하고 그의 눈을 똑바로 들여다보았다. 불청객 카이우스는 R. H.의 커다랗고 불가사의한 초록 눈에 최면이 걸렸는지 신음 소리 같은 것으로 대답을 대신했다.

"카오스으으으……"

"알았네, 알았어! 자네가 다음번엔 카오스(chaos : 혼란, 무질서)를 일으키지 않고 나타나야 한다는 얘긴 내가 벌써 했잖은가."

"그게 아니라 내 이름은 카이우스라구요. 카이우스 집."

R. H.에게서 눈을 떼며 카이우스가 외쳤다.

"잘 알겠네! 그건 그렇고……."

R. H.가 카이우스를 머리에서 발끝까지 훑어보고 말했다.

"자네, 장소에 어울리는 옷으로 바꿔 입어야 하지 않겠는가? 종업원에게 말해서 자넬 도와주라고 하겠네. 나를 따라 오게! 부엌으로 가 보세."

검정 머리에 왼쪽 다리를 저는 남자가 그들을 향해 걸어왔다.

"아! 밴드에이드, 당신에게 카이우스를 소개해 주겠어요."

그 남자가 아무런 반응을 보이지 않자 R. H.는 어색하게 움찔거렸다.

"저 사람은 부끄러움을 좀 탄다네!"

R. H.가 카이우스에게 말했다.

"최소한 카이우스에게 인사라도 하시죠, 밴드에이드!"

밴드에이드가 카이우스에게 손을 내밀자 카이우스는 남자의 팔이 썩은 냄새가 나는 붕대로 칭칭 감긴 것을 알아차렸다.

"사고를 당한 것이 당신 혼자만은 아닌 것 같군요."

R. H.가 중얼거렸다.

"오, 그 간호사를 용서해 주시길!"

키가 무척 크고 건장한 남자가 끼어들었다.

"나와 함께 일하는 그 간호사는 제대로 차려 입을 시간이 없었어요. 우린 병원 응급실에서 급하게 왔습니다."

"서두르지 않았으면 좋았을걸 그랬군요."

"R. H. 아직도 다친 사람들이 많이 있었소. 그들을 다 봐 줄 만큼 시간이 넉넉하지 못해서 유감이오."

남자가 카이우스를 보더니 말했다.

"이해해 주게! 난 지킬 박사라네. 하이드 씨라고 불러도 좋아."

그들이 이야기를 하는 동안 한 노인이 카이우스에게 부딪혔다. 노인의 힘없는 눈 아래 시커먼 자루 같은 살이 늘어져 있었다. 노인은 카이우스를 밀치고는 뒤도 돌아보지 않고 가버렸다.

"저 사람은 술을 너무 마셨나 봐요."

카이우스가 말했다.

"그게 아니오!"

하이드 씨가 소리쳤다.

"이런 시시한 일을 하는 종업원들은 일하는 동안 절대 술을 마시지 않아요. 이 사람들은 꼭 걸어 다니는 시체 같아."

"오오오오오오!"

늑대의 울부짖음같이 높고 날카로운 소리가 홀 전체에 울려 퍼졌다. 카이우스가 뒤돌아보니 소리의 주인공은 밴드의 가수였다.

"정말 끔찍한 목소리군요!"

카이우스가 불평했다.

"자네 말이 맞네!"

미소를 지으며 R. H.가 말했다.

"저 톰 루나틱이라는 남자의 음악은 형편없어. 리듬감이 없고 항상 똑같아. 톰 루나틱과 그의 밴드가 그토록 인기가 좋은 건 사실 이상할 것도 없어. 예전에는 음악가들이 진정한 재능을 가지고 있었고 곡을 만들기 위해 고통의 시간을 견디곤 했지. 하지만 요즘 음악가들은 자신의 영혼을 팔아넘기기만 하면 돼. 그게 훨씬 더 쉽겠지, 안 그런가?"

카이우스가 대답을 하기도 전에 초록색 머리의 여자가 그를 무도장으로 잡아끌고는 뻣뻣한 카이우스에게 춤을 추게 하려고 했다. 카이우스는 그녀가 입으로 불을 뿜어내는 걸 알아차릴 틈도 없었다.

"드래그 그린 양의 알코올 중독은 심각한 수준이군요."

보리스가 말했다.

"도대체 왜 그녀를 초대했죠, R. H.?"

"난 다만 친절을 베풀고 싶었을 뿐이에요. 그녀가 파티의 흥을 돋우는 건 사실이잖아요!"

"그렇군요! 이번엔 얼마짜리 보험을 들었죠, R. H.?"

"1,000만 달러 정도예요."

"쿵쿵쿵쿵!"

갑자기 큰 소리가 들렸다. 음악이 멈추고 모든 사람들이 침묵했다.

"그 여자야!"

하인들의 우두머리 격인 집사가 절망적으로 외쳤다.

"내 전처 말인가요? 그 마녀예요?"

보리스가 숨을 들이켰다.

"아니, 빌어먹을!"

지킬 박사가 외쳤다.

"그보다 더 나쁜 겁니다! 수학 괴물이에요! 현관을 부숴 버릴 기세군요. 그녀가 우릴 또 찾아냈어요!"

"그녀를 들어오게 하면 안 돼요!"

드래그 그린이 날카롭게 외쳤다.

"난 그녀를 만날 수 없어요! 여기 있는 모두가 그럴걸요. 우린 그 문제라면 다들 자신이 없잖아요. 그걸 알기 때문에 그녀는 수세기에 걸쳐 우리를 계속 뒤쫓고 있는 거라고요."

"당신 말이 맞아요."

R. H.가 말했다.

"우린 그 괴물을 당할 수가 없지만 이 방에 있는 사람들 가운데 아무도 그녀를 당해내지 못할 거라는 말은 사실이 아니에요."

뱀파이어 R. H. 마이너스가 천천히 방에 있는 누군가를 돌아보자 다른 손님들도 모두 그쪽으로 시선을 돌렸다. 모두의 시선을 받은 사람은 바로 카이우스였다.

"나요? 왜 항상 나죠? 난 그 괴물이 뭔지도 모른다고요!"

"창밖을 보게, 카이우스."

R. H.가 말했다.

카이우스는 순순히 따랐다. 그는 느린 동작으로 창문으로 가서 밖을 내다보았다. 밖은 깜깜했고 여전히 세차게 비가 내리고 있었지만 먼 곳에서 한 줄기의 번개가 번쩍인 덕분에 요란한 소리를 몰고 오는 주인공이 누구인지 똑똑히 볼 수 있었다.

그것은 머리가 여러 개 달린 커다란 짐승이었다. 자세히 보니 머리는 전부 일곱 개였다. 새처럼 생긴 머리에는 뾰족한 부리가 하나씩 달려 있었다. 피부는 초록색과 갈색이었고 주홍빛 눈은 강렬하게 빛나고 있었다.

"정말 놀랍군요! 굉장해요!"

카이우스가 얼른 창문에서 물러서며 비명을 질렀다.

"수학 괴물을 알아보겠나, 카이우스?"

R. H.가 물었다.

"굉장한 괴물이군요! 내가 수학 문제를 풀지 못할 때 상상하던 수학의 모습 그대로예요!"

"사람마다 그 괴물은 다르게 보인다네."

"믿어지지 않아요!"

카이우스는 숨을 쉬려고 잠깐 멈칫했다.

"이 수학 괴물의 머리 가운데 한 개는 죽지 않아요! 머리 하나가 잘리면 잘린 자리에서 곧장 두 개의 새로운 머리가 솟아나요. 이런 상황에서 내가 뭘 할 수 있죠?"

"아이의 말이 맞소, R. H.!"

지킬 박사가 끼어들었다.

"이 아이가 유능하다는 걸 당신은 어떻게 아시오? 이 아이도 우리 가운데 한 명이 아닌가요?"

"아닙니다. 이 아이는 우리와는 달라요. 아이를 맞이할 때 난 아이에게서 긍정적인 에너지를 뚜렷하게 느꼈어요. 그 에너지는 무척 강한 것이었어요."

R. H.가 송곳니를 드러내며 살짝 웃었다.

"왜 우리에게 말하지 않았소?"

하이드가 성이 나서 외쳤다.

"난 이 아이를 혼자 차지하고 싶었어요! 나는 이 아이가 사람이라는 걸 알고 아이를 부엌으로 데리고 가서 나중을 위해 아이를 냉장고에 넣어 두려고 했어요. 하지만 당신의 멍청한 간호사가 나를 방해했어요. 그래서 파티가 끝나고 나면 다시 어떻게 해 보려고 마음먹고 있었습니다. 물론 갑자기 괴물이 오리라고는 생각도 못했어요."

"아무래도 상관없소!"

하이드가 소리치면서 그 문제를 매듭지으려고 했다.

"지금 우리가 생각해야 할 것은 이거요. 아이가 정말 유능하다면 우리가 이번에는 빠져나갈 구멍은 있다는 거요. 아이는 도량형을 이용해야만 할 거요."

"동감이오."

R. H.가 고개를 끄덕였다.

"잠시 볼 일을 보고 곧 돌아오겠어요."

주인인 R. H는 부엌으로 달려가서 사방을 뒤진 끝에 찾던 물건을 오븐 안에서 발견했다.

"찾았다!"

R. H.가 한숨을 쉬었다. R. H.가 그것을 손에 넣기 위해서는 상당한 인내심이 필요했다. 그것은 꿈쩍도 하지 않아서 R. H는 비틀거리며 바닥에 넘어졌다. 그것은 모양도 크기도 보통이 아니었다.

"도대체 왜 그렇게 오래 걸렸소? 지금 밥을 먹을 시간도 아닌데."

지킬 박사가 불평했다.

"이걸 찾기도 쉽지 않았고 오븐에서 꺼내기도 힘들었어요."

"이게 오븐 안에서 뭘 하고 있던가요?"

보리스가 물었다.

"내가 마지막으로 이것의 힘을 흡수하려다 실패했을 때 너무 짜증이 나서 태워 버리려고 했어요."

"당신은 점점 더 정신을 못 차리는 군요, R. H.!"

지킬 박사가 껄껄 웃었다.

"이걸 제거할 수 없다는 사실을 잊었소? 이것의 마력은 엄청나고 또 영원하다오."

"맞는 말이에요! 난 고작 이것의 표면을 슬쩍 그슬리게 했을 뿐입니다."

R. H.는 카이우스에게 걸어가 그 물건을 던졌다.

"이걸 받게!"

카이우스는 그 무거운 책을 살펴보았다. 겉장이 매우 두꺼운 가죽이 었고 꽤 오래된 책 같았다.

"그 책이 자네에게 측정에 대해 가르쳐 줄 거네."

지킬 박사가 설명했다.

"책에 나온 방법들을 열심히 공부하게. 그런 다음 수학 괴물을 우리에게서 멀리 떼어 놓아야 해."

카이우스가 둘러보니 그들은 몹시 겁에 질려 있었다. 디바는 긴 손톱을 씹어 대고 있었고 밴드에이드는 떨리는 손으로 구역질나는 붕대를 계속 풀어 대고 있었다.

"서둘러서 도량형을 공부해! 자네만이 우릴 구할 수 있어."

보리스가 외쳤다.

∷ 도량형 ∷

"도량형이라고요?"

"물론이지!"

보리스는 점점 인내심을 잃어가고 있었지만 카이우스에게 적절한 설명을 해 주어야겠다고 마음먹었다.

"자넨 우리가 킬로미터, 센티미터, 밀리미터 같은 국제표준도량형이나 마일, 야드, 피트, 인치와 같은 영국·미국식 도량형을 쓴다는 걸 알고 있지?"

보리스는 카이우스가 고개를 끄덕이기를 기다린 다음 설명을 이어 나갔다.

"자넨 미터를 킬로미터로, 킬로미터를 밀리미터로, 피트를 마일로, 마일을 인치로 변환할 수 있나? 쉽진 않겠지? 그건 어쩌면 우리의 친구

밴드에이드에게 말을 시키는 것보다 어려운 일이 아닐까? 하지만 자네는 측정 단위 계산법이 이런 문제를 완전히 해결해 준다는 걸 알게 될 거야."

"자, 카이우스. 서재로 가세!"

R. H.가 활짝 웃으며 카이우스를 서재로 데리고 갔다. 다른 손님들이 두 사람을 뒤따랐다.

서재로 간 뒤 카이우스는 가까스로 커다란 책상 앞에 앉았다. 그러자 모두들 카이우스가 그 책에서 도량형 부분을 펼치는 일을 열심히 도와주었다. 카이우스가 측정에 대한 내용을 읽기 시작하자 모두들 재빨리 방에서 나가고 카이우스 혼자만 남겨 두었다.

도량형 공부

첫 번째 단계는 길이의 단위를 모두 찾아서 큰 단위부터 순서대로 배열하는 것이었다.

국제표준

킬로미터	헥토미터	데카미터	미터	데시미터	센티미터	밀리미터
km	hm	dam	m	dm	cm	mm

영국·미국식

마일 펄롱 체인 야드 퍼트 인치

mi. furlong chain yd. ft. in.

두 번째 단계는 다음과 같다.

국제표준

1미터를 기준으로 다른 단위들을 몇 미터로 나타낼 수 있는지 알아내라.

1km 1hm 1dam 1m 1dm 1cm 1mm

1,000m 100m 10m 1m 0.1m 0.01m 0.001m

1헥토미터는 100미터

1킬로미터는 1,000미터

1센티미터는 0.01 또는 $\frac{1}{100}$ 미터

영국·미국식

1피트를 기준으로 다른 단위들을 몇 피트로 나타낼 수 있는지 알아보자.

1마일   1펄롱   1체인   1야드   1피트   1인치

5,280피트   660피트   66피트   3피트   1피트 $\frac{1}{12}$피트

국제표준도량형에서 영국·미국식 도량형으로 변환하기

대략적 수치는 다음과 같다.

1mm = 약 $\frac{1}{25}$in.

25mm = 약 1in. (1in. = 25.4mm)

300mm = 약 1ft. (12in. = 304.8mm)

1,000mm = 1m = 약 3.3ft. (약 1yd.)

1in. = 약 2.5cm

1ft.(12in.) = 약 30cm

1yd.(3ft.) = 약 90cm

1mi.(1,760yd.) = 약 1,600m

세 번째 단계는 다음과 같다.

국제 표준 도량형에 대해 더 생각해 보자. 세계 인구의 95.4퍼센트
가 국제 표준 도량형인 미터법을 쓰고 있다. 미터를 킬로미터로 바꾸는
것처럼 한 가지 단위를 다른 단위로 변환해 보자.

예를 들어 5킬로미터는 미터로 얼마나 되는가?

킬로미터는 헥토미터 바로 위 단위다.

10으로 곱하면 5×10=50 헥토미터.

헥토미터는 데카미터의 바로 위 단위이다.

그러므로 10으로 곱하면 5×10=500 데카미터.

마지막으로 미터로 바꾸려면 500×10=5000

따라서 5 킬로미터는 5,000 미터가 된다.

그러므로 다음과 같은 결론을 얻을 수 있다.

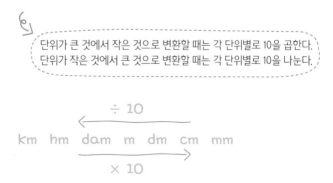

예 ▶ 250 센티미터가 데카미터로는 얼마나 되는지 알아보려면 10
으로 나누면 된다.

$$1\text{cm} = \frac{1}{10} \times \frac{1}{10} \times \frac{1}{10} \text{ dam}$$

$$250 \div 1000 = 0.25$$

이제 측정의 단위들인 도량형 공부를 마쳤다.

주의사항
측정의 단위들을 먹는 약으로 비유한다면 복용시
소수점에 질식당하지 않도록 주의할 것.

도량형 공부를 마치고 무도장에 돌아와 보니 대부분의 손님들은 이미 도망가고 없었다. 실제로 그들이 바란 것은 수학 괴물을 유혹할 미끼가 될 누군가를 남겨 놓는 일이었다.

상황은 최악이었다. 바깥에는 무시무시한 폭풍이 몰아치고 있었으나 집 안에 감도는 공포에 비하면 아무것도 아니었다. 수학 괴물과 마주쳐야 한다는 공포감이 남아 있는 사람들을 당황하게 만들었다. 드래그 그린은 심하게 흐느끼면서 사방에 불꽃을 뱉어 내고 있었다. 불은 뒷문으로 번져 비상구를 막기 시작했다. 불을 꺼 보려고 마녀들이 이런저런 주문을 외우고 있었다. 톰 루나틱은 자신의 천적이나 마찬가지인 불을 피해 보려고 절망적으로 비명을 질러 댔다. R. H.는 날아서 도망가려고 애쓰다가 얇은 날개 한쪽에 불이 붙고 말았다.

운명의 시간은 다가왔다. 수학 괴물이 문을 밀어젖히고는 문짝이 종이인 양 조각조각 부수기 시작했다. 창밖으로 몸을 던지는 바람에 다친 사람들이 많았다. 카이우스는 나갈 길을 찾다가 갑자기 뭔가가 뒤에서 미는 것을 느꼈다. 누구인지 보려고 고개를 돌린 카이우스는 깜짝 놀랐다. 그것은 둥둥 떠다니는 빗자루였다.

천장 일부가 무너져 내려 카이우스를 깔아뭉개려는 순간 다른 생각을 할 겨를도 없이 카이우스는 빗자루에 뛰어올랐다. 한 번도 빗자루를 타 본 적이 없었기 때문에 균형을 유지하기가 매우 힘들었지만 그는 용케 도량형 책을 꼭 붙잡고 빗자루 위에 발을 올려놓았다. 빗자루를 스케이트보드로 생각하면서 이리저리 방향 조절을 하다가 드디어 빗자루 조종 요령을 터득한 카이우스는 창문으로 향했다.

이제 불꽃이 상당히 높게 치솟고 있었다. 카이우스는 잠깐 멈추어 숨을 고른 다음 몸을 구부리고 책을 방패삼아 불꽃 한가운데로 빗자루를 몰았다. 불꽃이 빗자루에 닿기도 했지만 그는 불꽃을 벗어나 휙 날아갔다. 한숨을 푹 쉬고 뒤돌아보니 빗자루 뒤쪽에 불이 붙어 있었다. 그는 착륙을 시도하려다가 불꽃이 너무 빨리 번져서 뛰어내리지 않을 수 없었다.

모두들 제각기 다른 방향으로 흩어져 버린 것 같았다. 카이우스는 불빛이 희미한 거리에 누워서 어디 다친 곳은 없는지 몸을 만져 보았다. 카이우스의 몸은 흠뻑 젖어 있었다. 도량형에 관한 책은 카이우스 옆에

놓여 있었다. 반쯤 파괴된 저택에서 울부짖으며 으르렁거리는 소리가 흘러나왔다. 한 명도 붙잡지 못해서 약이 바짝 오른 수학 괴물의 울부 짖음이었다.

카이우스는 벌떡 일어나 거리를 훑어보고 어디로 가야할지 생각했다. 저택을 쳐다보니 수학 괴물은 벌써 바깥으로 나와서 열네 개의 주 홍색 눈을 빛내며 그를 노려보고 있었다.

카이우스는 어찌할 바를 모르고 골목길을 향해 달려갔다. 그는 숨이 턱까지 차올라 더 뛸 수 없을 때까지 달리다가 벽에 기대 숨을 가다듬 었다. 골목 아래쪽을 보니 으슥한 건물 벽에 그림자가 어른거리고 있었 다. 그를 향해 다가오는 괴물의 그림자였다.

"여길 빠져나가야 해."

카이우스는 혼잣말을 했다. 그는 땀으로 범벅이 된 얼굴을 손으로 훔 치고 숨을 깊이 들이켰다.

"어디든 숨을 곳을 찾거나 녀석과 싸울 무기를 만들어 내야 해. 녀석 은 나를 당해 내지 못할 거야. 결코!"

수학 괴물 물리치기

카이우스는 건물을 쳐다보고 괴물의 그림자가 건물을 완전히 덮으려면 5미터가 모자란다는 사실을 알아챘다. 건물이 약 40미터 높이라고 하고 괴물의 실제 키가 그림자 높이의 $\frac{1}{5}$이라고 하면 괴물의 키는 몇 센티미터일까?

▶ 만약 여러분이 정답을 맞혔을 경우 B 페이지의 913번(218쪽)을 보라.
그리고 이 페이지로 되돌아와 다음 문제를 풀어라.
▶ 만약 답을 맞히지 못했을 경우 D 페이지의 666번(223쪽)을 보라.

II

카이우스는 매우 튼튼한 나일론 실을 바닥에서 발견했다. 그는 350밀리미터에 해당하는 자신의 팔뚝 길이를 이용하여 나일론 실의 길이를 측정했다. 나일론 실의 길이가 그의 팔뚝을 20번 잴 수 있다면 나일론 실의 길이는 몇 미터일까?

정답 ▶ B 페이지 717번으로 가시오.
오답 ▶ D 페이지 123번으로 가시오.

III

그는 여섯 걸음으로 거리 이쪽에서 저쪽까지 갈 수 있었다. 한 걸음이 90센티미터 길이라고 하면 거리의 길이는 몇 미터일까?

정답 ▶ B 페이지 695번으로 가시오.
오답 ▶ D 페이지 444번으로 가시오.

IV

카이우스는 굉장한 번개를 보았고 12초 뒤에 천둥소리를 들었다. 소리가 대기 중에서 1초에 340미터씩 이동한다는 점을 고려할 때 번개는 몇 킬로미터 떨어진 거리에서 친 것일까?

정답 ▶ B 페이지 333번으로 가시오.
오답 ▶ D 페이지 821번으로 가시오.

V

카이우스는 1.5데시미터 정도 되는 비슷한 길이의 초 두 개를 찾아냈다. 그리고 그 근처에서 성냥이 3개 들어 있는 성냥갑을 발견했다. 그는 성냥 한 개로 초 하나를 켜 보았다. 불꽃이 초를 녹여서 20분 만에 초의 길이가 5센티미터 줄어들었다. 초를 한 번에 하나씩 쓴다면 초 두 개로 얼마 동안 불을 밝힐 수 있을까?

정답 ▶ B 페이지 999번으로 가시오.
오답 ▶ D 페이지 223번으로 가시오.

카이우스는 Ⅲ번 문제에서 확인한 거리의 폭만큼 미터 단위로 실을 잘랐다. 자르고 남은 실의 길이는 몇 미터일까?

정답 ▶ B 페이지 479번으로 가시오.
오답 ▶ D 페이지 503번으로 가시오.

카이우스는 길이가 긴 실은 길에 묶어 덫을 만들고 짧은 실은 쓰레기통에 묶어 무기를 만들기로 했다. 그는 이 쓰레기통을 벽에 설치하기로 하고 벽의 높이를 측정해 보았다. 벽의 높이는 남은 실의 길이에서 0.015데카미터를 뺀 길이였다. 이 벽의 높이는 몇 미터일까?

정답 ▶ B 페이지 888번으로 가시오.
오답 ▶ D 페이지 100번으로 가시오.

★정답은 251~252쪽에.

💣 경고

만약 카이우스가 네 개 이상 틀리고, V번 문제도 틀렸다면

▶ D 페이지 723번으로 가시오.

만약 카이우스가 네 개 이상 틀렸지만 V번 문제는 맞혔다면

▶ D 페이지 220번으로 가시오.

만약 카이우스가 두 개에서 네 개를 틀리고 V번 문제도 틀렸다면

▶ B 페이지 555번으로 가시오.

카이우스가 두 개에서 네 개를 틀렸지만 V번 문제는 맞혔다면

▶ B 페이지 1000번으로 가시오.

카이우스가 한 개 이하로 틀렸고 V번 문제를 틀렸다면

▶ B 페이지 789번으로 가시오.

카이우스가 한 개 이하로 틀렸고 V번 문제를 맞혔다면

▶ B 페이지 899번으로 가시오.

333

수학 괴물은 멀리 떨어져 있었지만 그래도 안전하다고 할 수는 없는 거리였다.

카이우스는 나일론 실을 덫으로 사용해야 했다. 길의 폭이 얼마인지 알아냈고 이것은 매우 중요한 정보였다.

되도록 빨리 일을 진행시킬 에너지가 필요했다.

479

카이우스는 시간이 얼마 남지 않았음을 알았고 그에게는 덫을 만들 실이 필요했다.

그는 쓰레기통을 발견하고 아이디어를 얻었다.

555

카이우스는 수학 괴물의 주의를 끌기 위해 일부러 시끄러운 소리를 내기 시작했고 수학 괴물은 곧 그를 잡으러 왔다. 둘은 길 양쪽에 설치된 실에 걸려 넘어졌다. 기분이 좋지는 않았지만 카이우스가 쓰레기통을 끌어당기자 쓰레기통이 수학 괴물의 불멸의 머리를 덮쳐서 괴물은 의

식을 잃었다.

지칠 대로 지치고 상처까지 입은 카이우스는 바닥에 쓰러졌다. 그는 누군가의 말소리를 들었다. 목소리의 주인공은 두 소년이었는데, 그들은 앞에 아이언매트라는 글자가 박힌 티셔츠를 입고 있었다. 두 소년은 저녁 운동을 하려고 나와 달리다가 시끄러운 소리에 이끌린 것이었다. 하지만 그들이 본 것은 의식을 잃은 소년뿐이었다. 그들은 소년을 골목길에서 데리고 나가기로 결정했다. 의식을 잃기 전 카이우스는 밝은 빛을 보았고 부드러운 음악 소리를 들었다.

695

상황이 몹시 좋지 않았다. 카이우스는 겨우 정신을 차릴 수 있었다. 나쁜 꿈에 지나지 않을 거라고 생각했지만 만약을 대비해서 계획을 짜는 것이 나을 것 같았다. 그에게는 도망갈 방법이 없었다. 도로의 폭이 얼마인지를 아는 게 도대체 무슨 소용이 있었을까? 카이우스는 무슨 일을 꾸미고 있었을까?

717

카이우스는 놀라서 도량형 책을 바닥에 떨어뜨리고 말았다. 그는 책을 집어 들다가 책 속에 숨겨져 있던 줄자를 발견했다.
카이우스는 줄자와 나일론 실을 챙겼다.

카이우스는 수학 괴물의 주의를 끌려고 시끄러운 소리를 냈고 수학 괴물은 곧 카이우스를 뒤쫓았다. 괴물은 길 한복판에 설치한 실에 걸려 넘어졌다. 기분이 몹시 나빴고 앞을 똑바로 볼 수도 없는 상황이었지만 카이우스는 쓰레기통을 잡아당겼다. 쓰레기통은 수학 괴물의 불멸의 머리를 덮쳤고 수학 괴물은 의식을 잃어버렸다.

일곱 개의 무시무시한 머리를 가진 괴물은 불새로 변했다. 카이우스는 그 괴물이 무섭지 않았는데 그 괴물의 형상은 문제에 부딪친 사람이 보는 이미지와 똑같았기 때문이었다. 그것은 더 강한 힘과 지식을 가지고 항상 잿더미에서 다시 살아나는 상상의 새 불사조의 이미지였다.

카이우스는 수학에 대한 두려움 때문에 이 모든 일이 벌어졌다는 걸 깨달았다. 카이우스도 다른 사람들처럼 두렵기는 했다. 사람들은 상황을 판단하는 이해력이 부족했다. 카이우스가 용기를 내서 두려움과 맞섰을 때부터 그는 자신의 내부에 큰 힘을 갖게 될 것이다.

하지만 그가 밝은 빛을 보고 부드러운 음악 소리를 듣고 나서 바로 정신을 잃었기 때문에 그 힘이 그다지 강한 것 같지는 않았다.

그것은 카이우스가 이용할 수 있는 최고 높이였고 카이우스가 가지고 있는 실의 길이이기도 했다.

카이우스는 더 이상 스트레스를 견뎌낼 수 없었다.

카이우스는 결국 그 괴물을 물리칠 수 있을까?

899

카이우스는 수학 괴물의 주의를 끌기 위해 시끄러운 소리를 내기 시작했고 수학 괴물은 카이우스를 뒤쫓아 가다가 불꽃 속으로 뛰어들었다. 길 한복판에 설치한 실에 걸려 괴물은 바닥에 넘어졌다. 카이우스는 숨어서 쓰레기통을 수학 괴물의 머리 위로 떨어뜨렸고 수학 괴물은 의식을 잃고 말았다.

일곱 개의 머리를 가진 무서운 괴물은 강아지로 변했다.

카이우스는 수학에 대한 두려움 때문에 이 모든 일이 벌어졌다는 걸 깨달았다. 그도 다른 모든 사람들처럼 두려움에 떨었었다. 사람들은 이해력이 부족했다. 카이우스가 용기를 내서 두려움과 맞섰을 때 더 이상 괴물이 무섭지 않았다. 녀석은 멍멍 짖어 대면서 이것저것 씹거나 가끔씩 카이우스의 발에 오줌을 누었다.

완전히 지친 카이우스는 다시 정신을 잃기 전에 밝은 빛을 보고 부드러운 음악 소리를 들었다.

913

이 문제를 맞혔으니 얼마나 멋진가!

카이우스는 자신감이 더 강하게 솟아나는 걸 느꼈다.

그는 어쩌면 자신에게 기회가 있을지도 모른다는 걸 깨달았다.

그는 도량형 책을 이용해야 할 것이었다.

그 책 속에서 그는 모든 답을 찾을 수 있을 것이다.

999

카이우스가 따져 보니 모든 일이 두 시간 안에 끝날 것 같았다. 불빛이 중요한 역할을 할 것 같았다. 그는 앞으로 어떻게 해야 할지 생각할 시간을 조금 더 벌기 위해 초와 성냥을 쓰면서 어떻게든 불빛을 아껴야만 했다.

1000

카이우스는 수학 괴물의 주의를 끌기 위해 시끄러운 소리를 내기 시작했고 수학 괴물은 카이우스를 뒤쫓아 가다가 불꽃으로 뛰어들었다. 괴물은 길 한복판에 늘어뜨린 실에 걸려 넘어지고 말았다. 카이우스는 숨어서 쓰레기통을 수학 괴물의 머리 위로 떨어뜨렸고 괴물은 정신을 잃고 말았다.

피곤한 데다 다치기까지 한 카이우스는 땅바닥에 쓰러졌다. 그는 사람들의 말소리를 들었다. 두 소년이 병원에서 야간 근무를 마치고 오다가 시끄러운 소리를 들었던 것이다. 하지만 그들이 본 것은 땅바닥에 쓰러진 카이우스뿐이었다. 그들은 카이우스를 돕기로 했다. 카이우스는 밝은 빛을 보고 부드러운 음악 소리를 들으며 또다시 정신을 잃었다.

D 페이지

100

카이우스는 어떻게 여기까지 오게 되었을까?

그는 실에 손가락을 베이고 피를 흘렸다.

수학 괴물은 피 냄새를 맡고 카이우스를 뒤쫓았다.

123

카이우스는 넘어져서 머리를 도로의 연석에 부딪쳤다.

너무 아파서 도전을 계속하기가 어려울 것 같았다.

그가 어떻게 측정을 할 수 있을 것인가?

그에겐 줄자도 없었고 현기증이 무척 심했다.

아마도 근사치를 구해서 문제를 풀어야 할 것이다.

220

카이우스는 수학 괴물의 주의를 끌기 위해 시끄러운 소리를 내기 시작
했고 수학 괴물은 그를 뒤쫓다가 불꽃 속으로 뛰어들었다. 괴물은 길
한복판에 설치한 실에 걸려 넘어졌다. 카이우스는 숨어서 쓰레기통을
수학 괴물의 머리 위로 떨어뜨렸고 수학 괴물은 정신을 잃고 말았다.

피곤한 데다 다치기까지 한 카이우스는 땅바닥에 쓰러졌다. 그는 사람들의 말소리를 들었다. 순찰을 돌고 있던 두 경찰관이었다. 경찰들은 시끄러운 소리에 이끌려 무슨 일인가 보려고 온 것이었다. 그러나 그들이 발견한 건 카이우스 혼자였다. 그들은 카이우스를 골목길에서 데리고 나가 구급차를 불렀다. 병원 회복실에서 카이우스는 밝은 빛을 보고 부드러운 음악 소리를 들은 뒤 다시 정신을 잃었다.

223

추위로 몸을 떨던 카이우스는 실수로 축축한 바닥에 성냥을 떨어뜨렸다.

그는 촛불을 잡다가 손가락을 데었고 불꽃은 꺼져 버렸다.

칠흑 같은 암흑! 이제 상황은 훨씬 더 나빠질 것이다.

444

카이우스는 그 주홍색 눈이 무서웠다. 그는 바닥에 넘어졌고 쇠막대기에 무릎을 베었다.

503

젠장! 카이우스의 상황은 정말 좋지 않았다!

수학 괴물은 인내심을 잃은 모양이었다. 카이우스 또한 파티의 다른 손님들처럼 고약한 모습으로 변해 버릴 것만 같은 상황이었다. 괴물은 쓰레기통에 불을 뿜어 댔다.

카이우스는 쓰레기통에서 덫에 대한 아이디어를 얻었다. 카이우스는 다른 쓰레기통을 집어 들었다.

666

젠장! 카이우스의 출발은 아주 나빴다.

카이우스는 파티에 참석한 괴물 가운데 하나로 변신할 수 있을 것인가?

조심해야 한다! 카이우스는 도량형 책에서 답을 찾아내야 한다.

723

카이우스는 수학 괴물의 주의를 끌기 위해 시끄러운 소리를 내기 시작했고 수학 괴물은 그를 뒤쫓았다. 괴물은 길 한복판에 설치한 실에 걸려 넘어졌다. 카이우스는 기분이 몹시 나빴고 무척 두려웠지만 쓰레기통을 끌어당겼다. 덫은 아무 소용이 없었다. 쓰레기통은 괴물 위로 떨어지지 않고 카이우스의 머리에 떨어졌다. 괴물이 카이우스에게 뛰어들어 그를 삼키려고 했을 때 그는 두 사람이 다가오는 소리를 들었다. 그들은 순찰을 돌고 있던 경찰들이었는데 소음에 이끌려 그 골목길로 달려온 것이었다. 그러나 그들이 발견한 것은 카이우스뿐이었으며 그들은 카이우스를 골목길에서 데리고 나가 구급차를 불렀다. 병원 회복실

에서 카이우스는 밝은 빛을 보고 부드러운 음악 소리를 들은 뒤 다시
정신을 잃었다.

821

카이우스는 측정을 똑바로 해낼 수 없었으므로 잠깐 동안 숨어서 그
책을 읽었다.

그가 도량형을 더 잘 이해할 수만 있다면 상황은 바뀔 것이었다.

카이우스는 수학 괴물이 으르렁거릴 때까지 책을 꼼꼼히 읽었다. 괴물
은 공기 중에서 공포의 냄새를 맡은 것이었다. 카이우스는 괴물의 눈을
보았다. 그 눈은 더 빨개져 있었다. 핏발이 선 붉은색이었다.

수학 괴물 에너지
측정하기

수학이라는 엄청난 미스터리에 대해 거의 알아냈으므로 카이우스는 이제 마음속에 도사리고 있는 수학 괴물과 맞설 준비가 되었다.

어쩌면 수학 괴물은 거대한 티라노사우루스처럼 생겼을지도 모른다.

본론으로 들어가기 전에 먼저 여러분이 가지고 있는 에너지가 얼마인지 측정해야 한다.

여러분의 에너지는 가장 높을 때를 기준으로 몇 퍼센트인가?

100퍼센트인가?

아니면 50퍼센트?

그것도 아니면 35퍼센트?

여러분은 운이나 운명에 기대서는 안 된다.

여러분은 문제 해결 능력을 이용해야 한다.

여러분은 백분율 문제를 푸는 방법을 빨리 배워야 한다.

:: 백분율 ::

문제를 하나씩 풀 때마다 여러분의 에너지는 증가할 것이다. 이것만이 두려움에 맞서지 못하는 비참한 운명으로부터 벗어나는 길이다.

친구들에게 도와달라고 부탁해도 된다. 주의할 점은 여러분이 이 괴물로부터 도망치려고 할 때 앞에 나타나는 문제를 재빨리 풀어야 한다는 것이다. 그렇지 않으면 마지막 문제에 도달할 무렵 형세가 불리해질 수도 있다. 주어진 시간은 얼마 남지 않아 산 채로 먹히는 슬픈 운명과 마주쳐야 할지도 모른다.

여러분은 살아남을 수 있을까?

백분율 계산법

분모가 100인 분수는 모두 분자가 백분율을 나타낸다.

$$\frac{35}{100} = 35\%$$

$$\frac{50}{100} = 50\%$$

$$\frac{100}{100} = 100\%$$

백분율 계산

$$300의 26\% = 300 \times \frac{26}{100} = \frac{7800}{100} = 78$$

$$540의 37\% = 540 \times \frac{37}{100} = \frac{19980}{100} = 199.8$$

분수를 백분율로 나타내 보자. 예를 들어 $\frac{3}{5}$을 백분율로 나타내려면 어떻게 해야 할까?

분수를 백분율로 나타내려면 분모를 100으로 만들면 된다.

$$\frac{3}{5} = \frac{60}{100}$$
×20
×20

백분율 게임

$\frac{1}{2}$의 24퍼센트를 계산하여 백분율로 나타내라.

▶ 정답이면 20점을 얻고 오답이면 30점을 잃는다.

당신은 지름길로 가기 위해 시작 점수의 20퍼센트를 써 버렸고, 남은 점수의 25퍼센트를 곤란에 빠진 친구를 돕느라고 썼다. 당신이 지금 가지고 있는 점수는 몇 점인가?

▶ 정답이면 20점을 얻고 오답이면 30점을 잃는다.

제한 속도 시속 45마일이라는 표지판을 무시했기 때문에 당신은 20점을 잃었다.

주민이 5,500명인 군부대 근처 도시에 티라노사우루스가 나타났다. 그 도시 인구의 6퍼센트는 안전하지 않은 지역에 산다. 그 힘세고 난폭

228 수학 천재가 된 카이우스

한 도마뱀의 간식이 될 위험에 처한 주민의 수는 몇 명일까?

▶ 정답이면 20점을 얻고 오답이면 30점을 잃는다.

만약 지금까지 세 문제를 다 틀렸다면 당신의 점수는 10점뿐이다.
당신은 다음 문제를 꼭 맞혀야 한다.

20점을 얻으려면 40퍼센트의 35퍼센트를 계산하라(아주 쉬운 문제! 점수를 올릴 절호의 기회).

▶ 정답이면 40점을 얻고 오답이면 30점을 잃는다.

점수를 점검하라. 현재 점수가 마이너스라면 당신의 게임은 여기서 끝났다!

티라노사우루스가 승객이 840명인 기차를 붙잡았는데 그중 여자 승객이 35퍼센트였다. 기차에 탄 남자는 몇 명이었을까?

▶ 정답이면 20점을 얻고 오답이면 30점을 잃는다.

여기까지 다섯 문제를 모두 맞혔다면 당신은 방금 기차에 탄 승객을
전부 다 구해 낸 것이다. 당신은 영웅이다!

VI

그 반갑지 않은 녀석은 아직도 잡히지 않았다. 당신은 녀석을 잡기 위해 덫을 놓아야 한다. 그러기 위해서 당신에게는 2,150의 에너지 점수가 필요하다. 친구들이 1,290점을 얻도록 도와주었다. 당신의 에너지를 채우기 위해 더 필요한 점수는 필요한 점수의 몇 퍼센트일까?

▶ 정답이면 20점을 얻고 오답이면 30점을 잃는다.

VII

당신은 새 차를 사는 데 필요한 돈을 모두 동전으로 모았다. 그런데 차를 사러 가서 30퍼센트의 할인 혜택을 받았다. 당신이 8만 1,900개의 동전을 지불했다면 지금 가지고 있는 동전은 몇 개일까?(점수를 올릴 또 한 번의 기회!).

▶ 정답이면 60점을 얻고 오답이면 30점을 잃는다.

🗣 당신의 성적이 신통치 않고 질문의 반 이상을 틀렸다면 당장 달아나는 게 낫다. 그 도시 사람들이 당신을 미끼로 사용할 테니까.

끝에서 두 번째 문제! 분수 $\frac{2}{5}$를 백분율로 나타내라.

▶ 정답이면 20점을 얻고 오답이면 30점을 잃는다.

마지막 기회! $(1-75\%) \times 4$를 풀어라.

▶ 정답이면 20점을 얻고 오답이면 30점을 잃는다.

만점 : 340점

매우 뛰어남 : 310점 이상

뛰어남 : 220점 이상

보통 : 130점 이상

★ 정답은 252쪽에.

X파일을 밝히는 열쇠, 미지수

카이우스는 밝은 빛과 부드러운 음악 한가운데에서 이상한 일이 일어나고 있음을 느꼈다. 몸에서 에너지가 빠져나가고 머릿속에는 여러 가지 기억이 한가득이었지만, 그 기억들은 자신이 아닌 다른 사람의 기억인 것 같았다.

겨우 정신을 차리고 주변을 둘러보니 그가 살던 시대의 어느 방이었다. 카이우스 앞에 벽장문이 열려 있었고 벽장 안에는 똑같은 검정 양복이 가득 들어 있었다. 카이우스의 마음에서 검정 양복을 입어야 한다는 생각이 강하게 일어났다. 양복을 입은 그는 지갑이 놓인 작은 탁자로 걸어갔다. 카이우스가 지갑을 집어 들고 열어 보니 지갑 안에 신

분증이 들어 있었다.

"이게 무슨 일이지?"

자신의 사진 아래 다른 사람의 이름이 있는 것을 보고 카이우스가 외쳤다.

그때 어떤 목소리와 기억이 떠올랐다.

'시간의 통로가 당신을 삼켜서 당신을 어느 시대로든지 데려갈 것입니다. 과거나 미래 심지어는 가상의 차원으로 말입니다. 당신은 다른 사람으로 변신할 것입니다.'

그 순간 또 다른 인격체가 카이우스의 의지를 지배했다. 저항할 기운이 하나도 남아 있지 않은 카이우스는 결국 굴복하고 말았다. 그것만이 이제 막 전개되는 사건을 해결하는 유일한 방법이 될 것이다.

:: 고고학자 사건 ::

어느 날 나와 내 동료는 의문의 사건에 직면했다. 우리는 이 사건이 외계인이나 어떤 불가사의한 일 또는 끔찍한 폭력 등과 관련이 있는지 알지 못하는 상태였다.

스콜라 요원은 육감을 믿지 않고 오로지 사실만을 믿는 사람 중 하나였다. 나, 머들러는 무엇이든지 가능하다고 믿는다. 우리는 어떤 일이든지 현실이 될 수 있다고 믿을 필요가 있다.

나는 동료 스콜라 요원과 계속 의견 충돌이 있을 것이라는 사실을 깨달았다.

우리는 범죄 현장에 도착하여 현장 지휘권을 넘겨받은 후 피살자의 시신을 옮기고 있던 경찰과 구급 대원들로부터 정보를 모으기 시작했다.

우리는 피해자가 고고학 교수였고 화살이 가슴을 관통하여 죽은 것을 알아냈다. 화살은 새 것 같았지만 요즈음에는 박물관에서나 볼 수 있는 그리스 무기의 특징을 갖고 있었다.

시체 옆에는 양피지 비슷한 것과 고대 문서의 번역본같이 보이는 평범한 종이가 놓여 있었다. 종이에는 다음과 같이 적혀 있었다.

LAT
켄타우루스는 사티로스보다 8살 위다. 둘의 나이를 합하면 42가 된다. 켄타우루스는 몇 살일까?

MAR
어떤 뺄셈을 이루는 세 수의 합이 204이고 피감수(배지는 수)와 뺄셈의 결과를 더하면 102가 된다. 이 경우 차와 감수(빼는 수)는 얼마일까?

LON
우리는 숲에서 총 20마리의 켄타우루스와 사티로스를 보았다. 이 신화에 나오는 존재들의 발굽을 전부 합친 수는 72였다.
숲에는 각각 몇 마리의 켄타우루스와 사티로스가 있었을까?

TEMP
우리에겐 수십억 년의 시간이 있고 빛은 느리다. 그 문이 바로 해답이다.

그 종이에서 해답이 적혀 있었던 것으로 보이는 부분은 찢겨 나가고 없었다.

너무 많은 것을 알고 있었기 때문에 누군가는 죽임을 당했다. 우리는 사건을 풀기 위해 문제들의 답을 알아내야만 했다. 누가 그를 죽였을까? 그 문서의 어떤 점이 그렇게 중요했을까? 화살의 배경에는 어떤 수수께끼가 숨어 있을까? 그리고 가장 중요한 질문. 내가 아까 주문한 커피는 도대체 지금 어디에 있는 걸까?

우리는 각 문제를 이해하기 쉽게 몇 단계로 나누기 시작했다.

스콜라 요원은 이 과정을 전부 컴퓨터에 입력하자고 제안했지만 나는 그저 평범하게 연필과 종이를 쓰기로 결정하고 모든 것을 수학적 용어로 써나갔다.

켄타우루스(C)는 사티로스(S)보다 8살 나이가 많다. 그러므로

$$C = S + 8$$

켄타우루스와 사티로스의 나이를 합치면 42가 된다. 그러므로

$$C+S=42$$

두 번째 식에서 C에 $S+8$을 대입하면 다음 식을 얻는다.

$$S+8+S=42$$

같은 문자끼리 더하면

$$2S+8=42$$

S(사티로스의 나이)를 구하기 위해서는 문자와 숫자를 서로 떼어 놓기만 하면 된다.

$2S=42-8$이다. 그러므로 $2S=34$가 된다.

"아!"

놀란 스콜라 요원이 소리쳤다.

"더하기 부호는 마치 거울같이 작용하는군요. 우리가 8을 반대쪽으로 넘겨줄 때 부호가 반대로 되었어요. 왼쪽에서 덧셈이었다면 오른쪽에서는 뺄셈이 되네요. 참 흥미로워요! 이젠 어떻게 하는 거죠, 머들러?"

$2S$는 사실 $2 \times S$를 의미하는 곱셈이다. 우리는 숫자 2를 문자에게

서 떼어 놓아야 한다. 숫자를 반대쪽으로 넘기고 곱셈을 나눗셈으로
바꾸자.

그러면 $S = 34 \div 2$이니까 $S = 17$이 된다.

"스콜라, 이건 중요한 거예요."

내가 말했다.

> 절대 혼동하지 말 것!
> $S+S=2S$가 되지만 $S \times S = S^2$이다.

"알았어요, 머들러!"

"계산을 마무리합시다. S는 17이죠."

"당연히 그렇겠죠! 나도 그렇게 생각했어야 했는데. 난 LAT라는 문자
를 너무 심각하게 생각하고 있었어요. 그게 무슨 뜻일까요, 머들러?"

"나도 통 모르겠어요. 하지만 우린 알아낼 거예요. 이 문제를 먼저 끝
냅시다, 스콜라."

"그래요!"

나는 다시 식을 쓰기 시작했다.

$S = 17$이고 $C = S + 8$이면

$C = 17 + 8$

$C = 25$

정답 ▶ 켄타우루스는 25살

"이제 두 번째 문제로 넘어가 아까처럼 문제를 단계 별로 나누어 생각합시다. 세 숫자의 합을 문자로 나타내면 $A+B+C$ 가 되겠죠."

"하지만 이 경우 세 숫자의 뺄셈이라고 했는데 그게 무슨 뜻이죠?"

스콜라는 문제를 자세히 들여다보면서 얼굴을 찌푸렸다. 나는 식을 이어서 썼다.

뺄셈은 다음과 같이 구성되어 있다.

피감수(Minuend) − 감수(Subtrahend) = 뺄셈의 결과(Remainder)
또는 $M - S = R$

첫 번째로 주어진 힌트는 어떤 뺄셈을 이루는 세 수의 합이다. 뺄셈을 나타내는 세 문자를 더한다.

$M+S+R$ 이 되고 세 수의 합이 204 라고 했으므로

$M+S+R=204$

다음으로 피감수와 뺄셈의 결과를 더하면 102 라고 했다.

$M+R=102$

우리는 다음과 같은 식들을 알고 있다.

$M+S+R=204$

$M+R=102$

$M-S=R$

"이제 조금만 더 하면 돼요!"

내가 말했다.

"문자 M을 다른 문자들로부터 떼어 놓아야죠."

$M-S=R$ 그러므로 $M=R+S$

이 식을 $M+S+R=204$에 대입한다.

"잠깐만요!"

스콜라가 말했다.

"대입하면 $M+M=204$가 되는 거죠?"

"계속해 봅시다."

조금 성가시다는 표정으로 내가 말했다.

$2M=204$이므로 $M=204÷2$

따라서 $M=102$

R과 S를 구하기 위해서는

$M+R=102$

M = 102이므로 R = 0

이제 S를 구하자.

M − S = R 그러므로 102 − S = 0

따라서 S = 102

정답 ▶ 뺄셈의 결과는 0이 되고 피감수(M)와 감수(S)는 102이다.

"멋지게 풀었어요! 이제 우린 LAT와 MAR이 무슨 뜻인지 알아내기만 하면 되는군요."

스콜라는 얼른 끝내고 싶어 안달이 난 모양이었다.

"그럼 이제 마지막 문제를 몇 단계로 나눕시다. 우린 총 20마리의 사티로스와 켄타우루스를 숲에서 보았어요."

"이 부분은 쉬운걸요."

스콜라가 내게 식을 보여 주면서 말했다.

C + S = 20

"맞아요! 그러면 다음 단계는 뭘까요?"

나의 동료는 호기심을 잔뜩 품고 생각에 잠겼다.

"이 상상의 괴물들의 총 발굽 수가 72라고 하면 두 괴물들의 수는 각각 몇일까요?"

우리는 이 문제를 풀기 위해 자료를 찾으러 떠났다.

다음 날이 되었다. 우리는 도서관에서 꼬박 밤을 새운 뒤 이 문제와 연관된 몇 가지 사실을 알아냈다.

1. 켄타우루스와 사티로스는 그리스 신화에 등장하는 괴물들이다.
2. 켄타우루스의 상반신은 인간의 모습이고 하반신은 말과 같이 생겼다. 따라서 켄타우루스의 다리는 넷이다.
3. 사티로스는 못생기고 털이 많은 괴물로 숲에서 살며 플루트를 연주한다. 상체는 인간이고 하체는 염소의 모습이다. 그러나 이들은 다리가 둘이고 인간처럼 똑바로 서서 다닌다.
4. 켄타우루스는 사냥이나 전쟁을 할 때 활과 화살을 사용한다.

"그러니까 켄타우루스는 다리가 넷이군요. 그리고 사티로스는 다리가 둘이고요."

내가 결론을 내렸다. 쌓인 피로 때문에 한숨을 푹 내쉬긴 해도 아직 문제를 풀겠다는 열의만은 식지 않았다.

$$C + S = 20$$
$$4C + 2S = 72$$

"이제 어쩌죠, 머들러?"

나는 계속 식을 써서 답을 보여 주었다.

S를 따로 떼어 놓으면

$S = 20 - C$

위의 식을 $4C + 2S = 72$에 대입한다.

$4C + 2(20 - C) = 72$

$4C + 40 - 2C = 72$

$4C - 2C = 72 - 40$

$2C = 32$

$C = 32 \div 2$

$C = 16$

C를 첫 번째 식에 대입하면

$S = 20 - C$

$S = 20 - 16$

$S = 4$

정답 ▶ 켄타우루스는 16마리, 사티로스는 4마리이다.

"우린 어떻게 해야 이 수수께끼를 풀 수 있을까요, 머들러? 난 세상에 존재하지도 않았던 켄타우루스는 이제 지겨워요. 그것들은 그리스 사람들이 만들어 낸 신화 속의 존재들일 뿐인걸요."

"당신은 또 아무것도 믿으려고 하지 않는군요. 잘 들어요, 스콜라! 우린 지금 상당히 큰 사건을 다루고 있는지도 몰라요."

방 안을 왔다 갔다 하며 내가 말했다.

"이건 어쩌면 우리가 이해하지 못하는 세계에 관한 것일지도 몰라요. 혹시……."

"혹시 뭔데요?"

스콜라 요원이 물었다.

나는 걸음을 멈춘 채 깊이 숨을 들이마시고 몹시도 고민스럽던 문제에 관해 계속 이야기할 수 있도록 용기를 냈다.

"혹시…… 혹시 어떤 부분은 사실일지도 모른다는 거죠. 그 괴물들은 단지 신화 속에 나오는 것이 아니라 아마도……."

"뭐라구요?"

스콜라가 눈을 동그랗게 뜨고 외쳤다.

"혹시 그 괴물들은 이곳 또는 다른 행성에 존재했을지도 몰라요! 우리가 알아낸 답, 그 숫자들이 위도와 경도를 나타낸다는 생각이 들어요. LAT는 위도(latitude)를 의미하고 MAR은 장소(mark)를 의미해요. LON은……."

"경도(longitude)를 의미한다는 말이군요."

어쩌면 이번엔 창의적 상상력이 지나친 나의 의견이 맞을지도 모른다는 가능성에 두려움을 품은 스콜라 요원이 대답했다.

"LAT는 위도이고 이 경우엔 25도가 되는군요. 장소를 뜻하는 MAR은 0과 102가 되고, 경도를 의미하는 LON는 16과 4가 되나요?"

"그게 아니에요! 16과 4가 아니라 164도예요."

"TEMP는 뭘까요, 머들러? 그리고 이 '우리에겐 수십억 년의 시간이 있고 빛은 느리다. 그 문이 바로 해답이다'라는 이상한 문구는 무슨 뜻일까요?"

"그게 바로 모든 수수께끼의 열쇠예요, 스콜라. 시간은 우리가 얼마나 걸려야 그곳에 도착하는지를 말해요. 즉 수십억 광년이라는 거죠! '그 문이 바로 해답이다'는 시간의 관문을 가리키고요. 마크 0은 지구로부터 출발한다는 것을 말하는 거예요. 마크 102는 0지점인 지구에서부터 이 행성을 벗어난 다른 지점까지의 거리를 뜻해요. '우리에겐 수십억 년의 시간'이 있다고 했으니까 우리가 계산한 위도와 경도에서 1,020억 광년이 걸린다는 거죠."

나는 지도를 들고 우리가 알아낸 대로 위도와 경도를 표시하고 나서 나의 발견에 깊은 감동을 받았다.

"이 위도와 경도가 가리키는 곳은 멕시코 만에 있는 북회귀선 근처예요. 직접 확인해 봐요, 스콜라!"

스콜라 요원은 자를 들고 몇 번이고 계산을 반복했다. 그러다가 몹시 지쳐 버린 그녀는 나를 돌아보면서 떨리는 목소리로 말했다.

"뭔가 잘못된 게 틀림없어요. 이곳은 바로 버뮤다 삼각지대예요. 선박과 비행기들이 흔적도 없이 사라지는 걸로 유명한 그곳 말이에요."

우리는 서로를 쳐다보며 그게 사실임을 깨달았지만 이것은 상부에서는 믿지 않을 또 하나의 사건이라고 결론을 내릴 수밖에 없었다. 수사에 착수하기 위한 확실한 증거가 충분하지 않았다. 우리의 추측은 공상에 가깝다는 말을 들을 게 뻔했다. 그리고 늘 그랬듯이 이 사건은 미해결 파일에 파묻히게 될 것이다. 우리가 알아낸 사실들은 결코 세상에 알려지지 않을 것이다. 내가 슬픈 얼굴로 지도를 바라보고 앉아 있을 때 스콜라가 내 머리에 손을 얹었다.

"집에 가요, 머들러. 우리에겐 휴식이 필요해요. 내일은 또 다른 내일이 될 거예요."

"그럴까요, 스콜라? 우리 일에서는 믿을 수 있는 게 아무것도 없어요. 우리와 같이 일하는 사람들도 믿을 수 없긴 마찬가지고요."

의심이 가득한 눈으로 나는 천천히 돌아앉았다.

스콜라는 내 말에 반대 의견을 제시하려다가 깜짝 놀란 내 표정을 보고 주춤했다. 내 몸이 스콜라의 눈앞에서 흐릿해지면서 푸른 구름 속으로 사라지고 있었던 것이다. 스콜라가 내 손을 붙잡았지만 우리는 서로에게서 점점 멀어질 뿐이었다. 내 손이 거의 투명해지면서 머리카락이 헝클어진 소년의 얼굴로 점점 변해가는 나에게 훨씬 잘 어울리는 젊고 작은 손으로 바뀌었다. 이윽고 나는 모자를 쓴 낯선 소년이 되어 시

간의 구름을 타고 다음 목적지에 대한 실마리는 전혀 남기지 않은 채
또 다른 차원으로 사라지고 있었다.

저자의 노트

1. 셜록 홈스

영국의 의사이자 작가인 왓슨 박사가 들려주는 이야기들로 구성된 탐정소설의 주인공. 왓슨 박사와 절친한 친구이다. 아서 코난 도일 경 (1859~1930)이 만들어 낸 인기 높은 탐정이다.

가장 잘 알려진 셜록 홈스 이야기는 『주홍색 연구』 『네 개의 서명』 『바스커빌가의 개』 등이다. 코난 도일이 마지막 모험 이야기에서 셜록 홈스를 죽였을 때 그의 충직한 독자들이 공공연하게 항의를 했기 때문에 작가는 하는 수 없이 주인공이 다시 살아나는 이야기를 써야 했다.

2. 크라카토아

크라카토아 화산 폭발은 슬프지만 실제로 있었던 일이다. 크라카토아 화산 폭발은 지금까지 있었던 가장 심각했던 화산 폭발 가운데 하나로 인도네시아의 크라카토아라는 작은 섬에서 발생했다. 1883년 이곳의 화산 페르부아탄이 분출하여 불길이 5킬로미터까지 치솟았다. 그 화산의 분화구는 지름이 7킬로미터에 달하는 어마어마한 것이었다. 폭발 소리는 4,000킬로미터 이상 떨어져 있는 호주에서도 들렸다! 화산은 계속 용암을 뿜어 냈으며 그해 내내 용암 분출이 끊이지 않았다. 또한 폭발은 여러 곳에서 해진(바다 밑에서 일어나는 지진)을 일으켰다. 인도네시아의 자바 섬과 수마트라 섬 근처에 거대한 파도가 형성되어 3만 6,000명 이상이 밀려드는 파도에 목숨을 잃었다. 50년 뒤부터 생명체들이 다시 크로카토아 섬에 깃들기 시작했다. 현재 각종 식물과 새들이 그곳에 살고 있다.

3. 우주 공간에서 소수 격파하기

이 이야기는 여러분이 아직 본 적이 없다면 당장에라도 봐야 할 텔레비전 시리즈물 〈스타트렉〉에 대한 존경의 표시이다.

'우주 공간 마지막 영역. 이것은 우주선 엔터프라이즈 호의 항해입니다. 이 우주선이 5년 동안 감당할 임무는 신비하고도 새로운 세계를 탐험하고, 새로운 생명체와 새로운 문명을 찾으며, 대담하게 인간이 가 본 적이 없는 곳까지 가고자 하는 것입니다.'

이것은 역사상 가장 유명한 공상 과학 텔레비전 시리즈의 도입부에 나오는 목소리이다. 이 작품은 시간 여행과 물리학의 개념에 기초하여 만든 것이지만 인종, 정치, 윤리 등과 같이 논쟁의 여지가 있는 문제들도 다루었다. 이 시리즈는 79회에 걸쳐 방영되면서 미국 텔레비전 역사상 뚜렷한 흔적을 남겼다. 등장인물에 제임스 T. 커크(선장), 미스터 스폭(과학 장교이자 부선장, 반은 인간이고 반은 벌칸이라는 행성 출신인 외계인), 맥코이(군의관), 스코트(기관장), 술루(조타장), 체코프(항해장), 그리고 우후라(통신 장교) 등이 있다.

4. X파일을 밝히는 열쇠, 미지수

이것도 텔레비전 시리즈에 대한 존경의 표시이다. 〈X파일〉은 두 FBI 요원이 기존의 수사법으로 풀지 못해 X라는 이름으로 분류한 사건들을 다루는 텔레비전 시리즈이다. 이 시리즈는 UFO, 돌연변이, 암살자들, 과학적으로 설명할 수 없는 현상들, 유령, 합성 인간, 외계인 등 인간의 호기심을 자극하는 주제들을 다룬다. 폭스 멀더(데이비드 듀코브니)는 관습적인 수사법을 따르지 않는 것으로 유명하며 UFO를 연구하여 학위를 딴 심리학자이다. '진실은 저기 어디엔가 있다'와 '우리는 혼자가 아니다'라는 믿음에 사로잡혀 있다. 한편 내가 '쉽게 믿으려 들지 않는' 사람이라고 부르는 멀더의 동료는 데이나 스컬리(질리안 앤더슨)를 가리킨다. 스컬리는 물리학 박사로 사실에 입각하여 설명할 수 있는 것들만 믿음으로써 이 시리즈에 과학적 관점을 제공한다.

수수께끼 정답

★ 첩보원 X의 미션 ⋯ p.152

I $\frac{1}{2}$

II 2대

III 960미터

IV 136리터

V 75제곱킬로미터

VI 304미터

VII 408킬로미터

VIII 300킬로그램, 100킬로그램

IX 126킬로미터

★ 수학 괴물 물리치기 ⋯ p.211

I 700센티미터

II 7미터

III 5.40미터

IV 4.08킬로미터

감사의 말

이 책을 집필하는 데에 도움을 아끼지 않은 나의 남편 헤지스에게 감사드립니다. 아이디어와 교정에 대한 협조, 끝없는 도움과 헌신 그리고 이 예민한 작가를 견뎌낸 그의 인내심은 내가 책을 쓰는 꿈을 이루는 데 이루 말할 수 없는 힘이 되어 주었습니다.

수학 천재가 된 카이우스

펴낸날	초판 1쇄 2010년 4월 30일
	초판 6쇄 2020년 4월 6일

지은이	헤지나 곤살베스
옮긴이	김정민
펴낸이	심만수
펴낸곳	(주)살림출판사
출판등록	1989년 11월 1일 제9-210호

주소	경기도 파주시 광인사길 30
전화	031-955-1350 팩스 031-624-1356
홈페이지	http://www.sallimbooks.com
이메일	book@sallimbooks.com

ISBN   978-89-522-1407-2   43410

살림Friends는 (주)살림출판사의 청소년 브랜드입니다.